工程化学实验

主　编：王　蕾
副主编：李岱霖　林　嫣
　　　　郭惠斌　廖　杰

厦门大学出版社　国家一级出版社
XIAMEN UNIVERSITY PRESS　全国百佳图书出版单位

图书在版编目（CIP）数据

工程化学实验 / 王蕾主编. -- 厦门：厦门大学出
版社，2023.5
ISBN 978-7-5615-8782-9

Ⅰ．①工… Ⅱ．①王… Ⅲ．①工程化学－化学实验
Ⅳ．①TQ016

中国版本图书馆CIP数据核字(2022)第189656号

出 版 人	郑文礼
责任编辑	眭 蔚
责任校对	胡 佩
封面设计	蔡炜荣
技术编辑	许克华

出版发行　厦门大孝出版社

社　　　址　厦门市软件园二期望海路 39 号
邮政编码　361008
总　　　机　0592-2181111　0592-2181406(传真)
营销中心　0592-2184458　0592-2181365
网　　　址　http://www.xmupress.com
邮　　　箱　xmup@xmupress.com
印　　　刷　厦门金凯龙包装科技有限公司

开本　787 mm×1 092 mm　1/16
印张　9.25
字数　232 千字
版次　2023 年 5 月第 1 版
印次　2023 年 5 月第 1 次印刷
定价　26.00 元

厦门大学出版社
微信二维码

厦门大学出版社
微博二维码

前　　言

　　工程化学实验是高等学校理工科环境工程、材料、生物、水利类等专业的一门主要专业基础课程,旨在培养学生综合素质,提高实验技能。为此,本书针对水务工程、环境工程、环境生态工程等专业的特点,将工程化学实验知识与其专业所需化学实验技能相结合,开设更适合于学生学习、操作的相关实验,使其具备一定的分析和处理较复杂问题的能力,培养其科研精神、创新思维和应用能力。

　　通过实验教学可以巩固和深化课堂中所学理论知识,为理论联系实际搭建重要平台。通过精选的实验项目,以基础实验—综合实验—仪器分析实验三个层次的教学过程,介绍相关的基本原理、基本手段、常规仪器使用操作,达到以下教学目的:

　　(1)学生初步了解普通化学的研究方法,掌握相关的基本实验手段、常规实验仪器的使用场合及操作方法。

　　(2)学生自主准备和进行实验,仔细观察和分析实验现象,归纳实验结论,培养独立工作和思考能力,巩固并加深对化学基本原理和概念的理解,增强以化学实验为工具解决实际环境工程问题的能力。

　　(3)通过训练动手能力、观察能力、查阅文献能力、思维能力、表达能力,学生逐步养成严谨务实的科学态度和开拓进取的工作作风,为以后的学习和工作奠定基础。

　　同时,本书弘扬社会主义核心价值观,突出创新驱动发展战略和高质量发展要求,反映绿色发展理念和生态文明建设目标。本书旨在培养符合国家战略需求和社会发展方向的高素质人才,为建设社会主义现代化强国贡献力量。在编写过程中,我们积极融入党的二十大报告精神,主要体现在以下几个方面:

　　(1)突出科技创新和实践能力的培养。在实验内容的设计上,我们注重培养学生的创新思维和实践能力,引导学生了解先进的科学技术和实践应用,让学生在实践中探究、发现、解决问题。

　　(2)注重社会责任和环境保护的教育。在实验过程中,我们强调学生应该具有社会责任感和环境保护意识,教育学生关注社会热点和社会现实,引导学生关注环境污染和生态平衡,从而培养社会责任感和环保意识。

　　(3)推崇团结、协作和共享的精神。在实验设计和操作过程中,我们鼓励学生相互协作和交流,推崇共享资源和知识的精神,强调学生要在团队合作中增强彼此之间的信任、合作和感情。

作　者

2023 年 5 月

目　　录

第一章　工程化学实验基础知识

实验一　实验室安全、规则与基本操作

一、实验目的

(1)了解工程化学实验室的安全原则和基本规则,以及意外事故的处理。

(2)了解工程化学实验的实验方法及要求。

(3)掌握工程化学实验的基本操作。

二、实验原理

(一)实验室安全原则

实验室安全问题关系到实验者个人及他人。在工程化学实验中经常使用到易燃、易爆、易腐蚀或具有毒性的化学试剂及药品,玻璃仪器和各类精密分析仪器与设备,以及水、电、气等,因此在化学实验室开展实验期间,需十分重视安全问题,切勿麻痹大意。在实验前应当充分了解实验原理、具体步骤以及安全注意事项。仔细检查仪器的使用状况是否符合实验要求,并在使用时严格遵守操作规程,以避免发生安全事故。

出于上述考虑,我们制定实验室安全基本守则如下:

(1)水、电、气使用完毕后应立即关闭,离开实验室时应仔细检查水、电、气、门、窗等是否已关闭。

(2)实验室内严禁饮食、吸烟,一切化学药品禁止入口,实验完毕,必须洗净双手。

(3)绝对不允许随意混合不同化学药品,以免发生意外事故。

(4)一切易挥发物质和易燃物质的相关实验操作,应当在远离明火的地方进行;实验过程中若产生具有刺激性或者有毒有害气体,必须在通风橱内进行;需闻气体气味时,试管口应离面部 20 cm 左右,用手轻轻扇向鼻孔,切勿直接靠近正对管口闻。

(5)浓酸、浓碱等具有强腐蚀性的物质,小心取用,避免溅在皮肤、衣服和眼睛上。稀释浓酸时(特别是 H_2SO_4),应当将其慢慢倒入水中,并不断搅动,而不能将水倒入浓 H_2SO_4

中,以避免迸溅。

(6)有毒药品(如重铬酸钾、钡盐、铅盐、砷的化合物,特别是氰化物)不得入口或接触伤口,剩余的实验废液也不能随意倾倒,应作为危险废弃物收集后统一处理。

(7)加热试管时,试管口不能指向自己或他人,不能俯视正在加热的液体,以免溅出液体引起烫伤。

(8)未经教师许可,不得随意做实验计划规定以外的实验。

(9)分析天平、分光光度计、酸度计等均为实验中经常使用的小型仪器,使用时应严格遵守操作规程,使用完毕后,拔去插头,将仪器各部分旋钮恢复到原来位置。

(10)实验室所有仪器、药品,不得带出室外。

出现紧急情况时的救护措施如下:

(1)玻璃割伤:挑出玻璃碎片,轻伤可涂抹龙胆紫或用红药水包扎。

(2)烫伤:立即用大量水冲洗,可在烫伤处涂抹黄色的苦味酸溶液或高锰酸钾($KMnO_4$)溶液,再使用凡士林、烫伤膏或万花油;若受到强酸腐伤,需立即用大量水冲洗,然后搽上碳酸氢钠油膏或凡士林;若遇到浓碱腐伤,需立即用大量水冲洗,然后用柠檬酸或硼酸(H_3BO_3)饱和溶液冲洗,再使用凡士林。

(3)吸入氯气(Cl_2)、氯化氢(HCl)等气体时:可吸入少量酒精和乙醚的混合蒸气来解毒。吸入硫化氢(H_2S)气体而感到不适时,立即到室外呼吸新鲜空气。

(4)酸(或碱)溅入眼内:立刻用大量清水冲洗,再用2%四硼酸钠($Na_2B_4O_7$)溶液(或3%硼酸溶液)冲洗,最后再用蒸馏水冲洗,并立即就医。

(5)毒物进入口内:立即用手指伸入咽喉部,促使呕吐,然后立即送医院。

(6)出现不慎触电时应立即切断电源,必要时进行人工呼吸或送医院。

(7)实验室发生火灾时:应根据起火原因进行针对性灭火,并防止火势蔓延(如切断电源、移走易燃药品等);一般的小火可以用湿布、石棉布或砂子覆盖燃烧物,即可灭火;火势大时,可用灭火器。实验人员衣服着火时,切勿惊慌乱跑,应尽快脱下衣服,或就地打滚或用湿衣服在身上抽打灭火。实验室着火时一般不能用水灭火,因为水能与某些化学药品发生剧烈反应或使可燃物燃烧表面扩大而引起重大火灾。

(8)溢水漏水是实验室中易发生的事故,应注意水槽的清洁,防止废弃物引起堵塞,定期检查下水管道并保持畅通。冷却水不宜过大,避免水压起伏变化时崩开橡胶管与冷凝管的连接引起漏水事故。

(二)实验室规则

1. 实验前

根据实验进度安排,认真预习实验指导书和理论教材的相关内容。

在预习实验的过程中完成以下任务:明确实验目的和要求,理解实验的基本原理、所用仪器的操作方法及注意事项;熟悉药品和试剂的规格及基本物化性质,熟悉实验装置;通过阅读实验教材,完成实验预习报告;掌握实验步骤,熟知实验内容,避免养成边做实验边翻教材的不良习惯。

预习报告内容如下:实验的重点、难点,实验成败的关键因素,实验具体步骤,实验预期的结果,实验中的注意事项等。

2. 实验中

(1)学生需提前5 min进入实验室,进实验室必须着装整齐,穿好实验服。实验前应清点仪器和药品,如发现有破损或缺失,应申请补足。实验过程中,若有仪器损坏,应立即报告指导教师,处理后领回新仪器补充。

(2)实验室中应保持安静并遵守秩序。遵从实验教师的指导,严格按照操作规程和实验步骤进行实验。集中思想,正确操作,仔细观察,认真记录,周密思考。

(3)保持实验室整洁,实验时注意合理安排实验仪器,做到实验台上有条不紊,高低有序,确保实验过程安全高效。

(4)应备有实验原始记录纸,附在实验报告上,随时记录实验现象、数据、计算和结果等,还应把预习中不懂或需要重点观察的现象记录下来,以便在实验过程中有的放矢。原始记录要求真实、即时、清楚(条理、字迹)、准确、持久,不随意涂改,实事求是。

实验原始记录应包括以下内容:

①每一步操作所观察到的现象,比如是否放热、有无颜色变化、有无气体产生、有无沉淀产生等。尤其是与预期不同或与教材、文献资料所述不一致的现象更应如实记载。

②实验中测得的各种数据,比如质量、体积、吸光度、pH值等。

③制备实验中所得生成物的色泽、晶形等,可以及时拍照。

④实验操作中的失误、粗产物或产物的意外损失等。

(5)爱护公物,节约用水、用电,按规定取用药品,公用仪器及药品用后立即归位,废弃滤纸、废纸屑等应投入废纸篓,废液、废金属、残渣应倾入废液缸。以上物质都不得倒入水槽,以免下水道堵塞,腐蚀管路系统。

3. 实验后

(1)清洗使用过的玻璃仪器并按照规定位置摆放,精密仪器用完后应复原并在使用记录簿上登记签名,实验台面应清理擦拭干净。轮流做实验室卫生,包括整理公用试剂和仪器,打扫卫生,倒尽废物,关好水、电、门、窗等。

(2)原始记录需经任教老师签字后才可离开。

(3)做完实验后,应解释实验现象,并得出结论,或根据实验数据进行计算和整理,完成实验报告,在规定时间交给指导教师审阅。

(三)普通化学实验的基本操作

普通化学实验的基本操作包括玻璃仪器的洗涤与干燥、称量、试剂取用、加热、过滤、蒸发等,现主要介绍玻璃仪器的洗涤与干燥。

1. 仪器的洗涤

化学实验室内经常使用玻璃仪器或瓷器,用不干净的仪器进行实验时,由于污染物质和杂质的存在往往难以得到精确的结果,因此实验容器及设备、仪器应该保持干净。洗涤仪器的方法很多,应根据实验的要求、污染物的性质和污染的程度选择合适的方法进行洗涤。一般来说,附着于仪器上的污染物有尘土、油污和其他可溶性物质、不溶性物质、有机物质等。针对这些情况,可采用下列方法:

(1)用水刷洗

即用毛刷就水刷洗,能够除去仪器上尘土、可溶性物质、对器壁附着力不强的难溶物。

注意：

①洗前用肥皂将手洗净,选出大小合适、干净、完好的毛刷。

②使用毛刷洗涤试管时,注意避免刷洗时用力过猛将底戳破。

(2)用去污粉(或合成洗涤剂)清洗

用去污粉或洗衣粉、洗洁精等洗去油污和有机物质,对试管、烧杯、量筒等普通玻璃仪器,可在容器内先注入1/3左右的自来水,选用大小合适的刷子蘸取去污粉刷洗。如果用水冲洗后,仪器内壁能均匀地被水润湿而不黏附水珠,说明洗涤干净;如果有水珠黏附容器内壁,表示容器内壁仍有油脂或其他垢迹污染,应重新洗涤。

注意：容量仪器不能用去污粉洗刷内部,以免磨损器壁,使体积发生变化。

(3)用铬酸洗液洗

铬酸洗液简称洗液,由粗浓 H_2SO_4 和重铬酸钾($K_2Cr_2O_7$)配制而成(25 g $K_2Cr_2O_7$ 溶于50 mL 水中,加热溶解,冷却后往溶液中慢慢加入 450 mL 浓 H_2SO_4),呈深褐色,具有强酸性、强氧化性、强腐蚀性,对有机物和油污的洗涤力强,用于定量实验所用的仪器(如滴定管、移液管、容量瓶等)和某些形状特殊仪器的洗涤。洗涤时先用水冲洗仪器,将仪器内的水尽量倒干净,然后加入少量洗液,转动容器使其内壁全部为洗液润湿,放置清洗后,将洗液倒回原瓶,再用自来水冲洗干净,最后用蒸馏水冲洗 2～3 次。

使用洗液时注意：

①使用洗液前最好先用去污粉将仪器预清洗。

②使用洗液前应尽量把仪器内的水倒干净,以免将洗液稀释,影响洗涤效果。

③倒回原瓶内的洗液可重复使用。

④具有还原性的污物(如某些有机物),会将洗液中的重铬酸钾还原为硫酸铬,洗液颜色由原来的深褐色变为绿色,已变为绿色的洗液不能继续使用。

⑤洗液具有强腐蚀性,会灼伤皮肤和损坏衣物,如果不慎将洗液洒在皮肤、衣物和实验台上,应立即用水冲洗。

在化学实验中一些不溶于水的垢迹常常牢固地黏附在容器内壁,对于这些垢迹需根据其性质选用适当的试剂,通过化学方法除去。几种常见垢迹的处理方法见表1。

表1 常见垢迹处理方法

垢迹	处理方法
黏附在器壁上的 MnO_2、$Fe(OH)_3$、碱土金属的碳酸盐等	用浓度大于 6 mol/L 的 HCl 处理 MnO_2 污垢
沉积在器壁上的 Ag 或 Cu	用 HNO_3 处理
沉积在器壁上的难溶性银盐	一般用 $Na_2S_2O_3$ 溶液洗涤,Ag_2S 垢迹需用热的浓 HNO_3 处理
黏附在器壁上的硫黄	用煮沸的石灰水处理,$3Ca(OH)_2+12S=2CaS_5+CaS_2O_3+3H_2O$
残留在容器内的 Na_2SO_4 或 $NaHSO_4$ 固体	加水煮沸使其溶解,趁热倒掉
不溶于水、不溶于酸或碱的有机物和胶质等污迹	用有机溶剂洗,常用的有机溶剂有酒精、丙酮、苯、四氯化碳、石油醚等
瓷研钵内的污迹	取少量食盐放在研钵内研洗,倒去食盐,再用水洗净
煤焦油污迹	用浓碱浸泡(约 1 d),再用水冲洗
蒸发皿和坩埚内的污迹	一般可用浓 HCl 或王水洗涤

2. 仪器的干燥

实验用的仪器,除必须洗净外,有时还要求干燥,干燥的方法有以下几种:

(1)晾干:把洗净的仪器倒置于干净的实验柜内、仪器架上或木钉上晾干。

(2)烤干:用酒精灯烤干。烧杯或蒸发皿可置于石棉网上用火烤干。如烤干试管时,应将试管略微倾斜,管口向下,并不时转动试管,最后将管口朝上除去水汽。

(3)吹干:用吹风机(热风或冷风)直接吹干,如果吹前先用易挥发的水溶性有机溶剂(如酒精、丙酮、乙醚等)淋洗则干燥得更快。

(4)烘干:将洗净的仪器放在电热烘干箱内烘干(控制温度在 105 ℃左右),仪器放进烘箱前应尽量把水倒净,并在烘箱的最下层放一个搪瓷盘接收容器上滴下的水珠,以免直接滴在电炉上损坏炉丝。

带有刻度的容量仪器,如移液管、容量瓶、滴定管等不能用高温加热的方法干燥。

三、实验仪器和试剂

电热鼓风干燥箱、烧杯、试管、三角瓶、试管刷、去污粉、蒸馏水等。

四、实验步骤及注意事项

(1)用试管刷蘸取少量去污粉反复刷洗器皿 2～3 次。

(2)用自来水冲洗 2～3 次。

(3)用少量去离子水或蒸馏水润洗 3 次,自然晾干或烘干。

实验二　化学实验常见实验图表的绘制

一、实验目的

(1)了解实验数据绘图的意义及发展动态。

(2)掌握常见二维、三维图形的绘制方法。

二、实验原理

(一)实验数据绘图的意义及发展动态

化学是一门以实验为中心的自然科学,众多定律的发现与理论的形成起源于人类的生产、生活实践。化学实践教学是对既定实验项目的探索与实现,即在充分了解实验背景的基础上,灵活运用已掌握的实验原理,通过规范的实验操作达成实验目的。实验项目探索过程的一个重要环节是获取实验数据。能否对实验结果进行深入探讨,对于存在的问题给予有效分析、做出合理解释,既是对学习情况的良好检验,也是个人能力养成和综合素质提升的有效途径。

实验数据具有维度多、属性杂、数量大等特点,仅通过数字很难进行全面、系统的深入讨论,不利于问题分析能力的养成。为了透过现象探究本质,深挖实验现象蕴含的规律,对实验数据进行处理、拟合,并按需绘图,是一种有效的实验结果分析手段。

随着计算机硬件性能提升和软件发展,实验数据绘图从过往传统的纸笔形式逐渐过渡为软件制图。例如,微软公司开发的办公软件套装成员 Excel,凭借直观的界面、出色的计算功能和图表工具,目前已成为广泛应用的个人计算机数据处理软件。针对数值分析需求较高的科研领域,OriginLab 公司开发了集科学绘图和数据分析于一身的函数制图软件 Origin。该软件的数值分析功能非常专业,包括数据统计、信号处理、曲线拟合及峰值分析;拥有强大的数据导入功能,支持多种格式的数据,包括 ASCII、Excel、NetCDF、SPC 等。此外,该软件支持格式多样的图形输出,如 JPEG、GIF、EPS、TIFF 等。由此,它已成为众多科研工作者的必备工具之一。MATLAB 是美国 MathWorks 公司出品的商业数学软件,以矩阵作为基本数据单位,将数值分析、矩阵计算、科学数据可视化及非线性动态系统建模和仿真等诸多强大功能集成在一个易于使用的视窗环境中,为科学研究、工程设计及必须进行有效数值计算的众多科学领域提供了一种全面的解决方案。目前,它广泛用于数据分析、无线通信、深度学习、图像处理与计算机视觉、信号处理、量化金融与风险管理、机器人、控制系统等领域。近年来,伴随 Python 和 R 等计算机语言的普及,计算机语言绘图开始大量涌现。与传统制图软件相比,语言绘图功能强,效率高,支持批量绘制,但是入门门槛较高,要求拥有程序语言基础。

(二)常见二维、三维图形绘制

在基础化学实验中,常见二维图形包括折线图、直方图、饼图等;三维图形包括散点图、曲面图、三元相图等。下面就几种常见图形进行简单介绍。

折线图常用于显示随时间变化的连续数据,适用于分析一段时间间隔内的数据变化趋势。直方图是统计学上对数据分布情况的一种图形表示。它是一种二维统计图表,两个坐标分别是统计样本和该样本对应的某个属性的度量。饼图显示一个数据系列中各项的大小与各项总和的比例。饼图中的数据点显示为整个饼图的百分比。散点图是数据点在直角坐标系平面上的分布图,表示因变量随自变量而变化的大致趋势;用若干组数据构成多个坐标点,通过考察坐标点的分布,判断若干变量之间是否存在某种关联或总结坐标点的分布模式。根据构成数据的维度,散点图可绘制成二维或三维图形。三维曲面图用于显示连续曲面上两维数值的趋势,可借此寻找两组数据之间的最佳组合。

三、实验内容和步骤

本实验以 Origin 2018 软件为例,介绍折线图、直方图、散点图的绘制方法和主要步骤。图表绘制所需的实验数据假定来自分子动力学实验。在一定实验条件下,对一个多肽分子进行 500 ns 的分子动力学模拟,现针对体系中发挥关键作用的谷氨酸(Glu)进行二面角分析,观察二面角 Φ 和 Ψ(图 1)随时间变化的趋势和运动相关性。

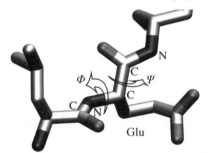

图 1　谷氨酸(Glu)二面角(Φ 和 Ψ)示意图

(一)折线图

折线图常用于显示一段时间间隔内的数据变化趋势。绘制的主要步骤如下:

(1)双击打开 Origin 2018 软件。将空白工作表中第 1 列 A(X)作为时间列,将时间数据填入此列;将工作表中第 2 列 B(Y)作为二面角 Φ 数据列;右键单击工作表外部空白区域,选择"添加新列"(或利用快捷键 Ctrl+D),将新添加的第 3 列 C(Y)作为二面角 Ψ 数据列。

(2)选中工作表 A、B、C 三列数据,单击顶部菜单栏"绘图"按钮,选择其中的"2D—折线图—折线图",即可进行折线图绘制。

(3)Origin 软件遵循"修改哪里点击哪里"的原则。例如,对刻度、轴线和刻度线、网格线等与坐标轴有关的修改,通过双击坐标轴即可进行;对横、纵轴的注释文本进行编辑,直接双击待编辑文本即可;对线条的样式、宽度、颜色等相关修改,双击图中折线即可。

(4)单击菜单栏"文件",选择"导出图形",根据需要将图片保存成目标格式。折线图最终效果如图 2 右所示。

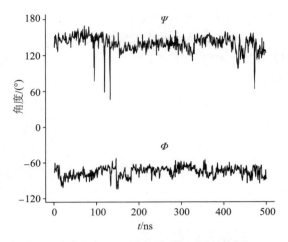

篩	A(X)	B(Y)	C(Y)
长名称			
单位			
注释			
F(x)=			
1	1	-78.75	130.15
2	2	-62.9	148.82
3	3	-73.99	137.37
4	4	-72.64	151.51
5	5	-77.48	147.11
6	6	-71.51	142.72
7	7	-66.91	129.8
8	8	-66.21	129.6
9	9	-74.14	123.52
10	10	-89.26	144.65

图 2 Origin 工作表(左)和相应折线图(右)(工作表截图仅显示前 10 ns 的二面角数据)

(二)直方图

直方图是统计学上对数据分布情况的一种图形表示,可用于直观分析不同角度的分布情况,主要绘制步骤如下:

(1)双击打开 Origin 2018 软件,将绘图所需数据填入空白工作表中,如折线图步骤(1)。

(2)选中工作表 B 列数据,单击顶部菜单栏"绘图"按钮,选择其中的"2D—直方图—直方图",即可进行直方图绘制。利用同样方法,绘制 C 列数据的直方图。

(3)点击右侧工具栏的"合并"按钮,将步骤(2)中生成的两幅直方图选中,设置合并后的图片为 2 行 1 列(图 3)。

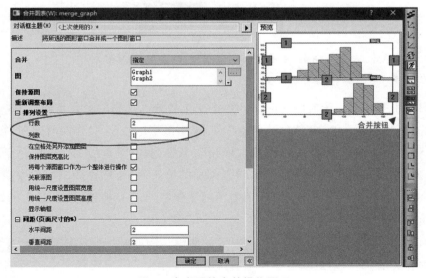

图 3 直方图的合并操作图示

(4)通过双击坐标轴、注释文本、直方图、图例等操作,分别对坐标轴、文本内容、直方图显示等相关参数进行调节设置,使图片简洁、美观。

（5）单击菜单栏"文件"，选择"导出图形"，根据需要将图片保存成目标格式。散点图最终效果如图 4 所示。

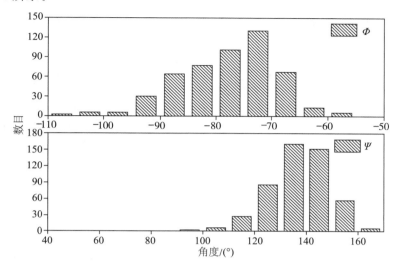

图 4　谷氨酸二面角 *Φ* 和 *Ψ* 的直方图

（三）散点图

散点图是数据点在直角坐标系平面上的分布图，可用来判断若干变量之间是否存在某种关联或总结坐标点的分布模式。本实验拟通过绘制散点图，观察两个二面角的运动相关性。主要绘制步骤如下：

（1）双击打开 Origin 2018 软件，将绘图所需数据填入空白工作表中，如折线图的步骤（1）。右键单击 *Φ* 二面角数据列标题，选择"设置为 X"（图 5 左）。

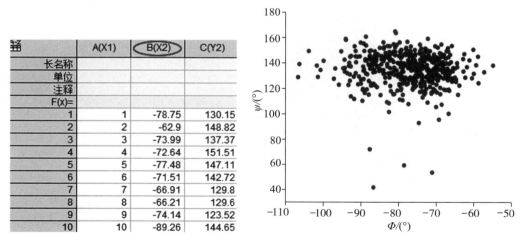

图 5　Origin 工作表（左）和相应散点图（右）（工作表截图仅显示前 10 ns 的二面角数据）

（2）选中工作表 B、C 两列数据（为了观察两个二面角的运动相关性，本图无须时间数据），单击顶部菜单栏"绘图"按钮，选择其中的"2D－散点图－散点图"，即可进行散点图绘制。

（3）通过双击坐标轴、注释文本、图中散点、图例等操作，分别对坐标轴、文本内容、散点特征、图例显示等相关参数进行调节设置，使图片简洁、美观。

（4）单击菜单栏"文件"，选择"导出图形"，根据需要将图片保存成目标格式。散点图最终效果如图5（右）所示。

四、数据记录与处理

从上述折线图、柱状图、散点图中，是否可以发现谷氨酸两个二面角的运动趋势或相关性？

五、创新思考

请根据实验条件，自行开设一个化学实验项目并获取实验数据。按照上述方法将获取的有效实验数据进行图表绘制。通过实验结果的分析与讨论，对实验现象给予合理解释。

第二章　基础实验

实验一　称量操作及溶液的配制

一、实验目的

(1)了解电子天平的构造及使用方法。
(2)通过称量练习进一步掌握电子天平的正确用法。
(3)掌握直接称量法、减差称量法。
(4)掌握容量瓶的使用及溶液的配制方法。

二、实验原理

(一)电子天平

电子天平分为普通电子天平、上皿式电子天平、精密电子天平和电子分析天平等。一般分析测试中常用的最大载荷为 100 g 或 200 g,最小分度值为 0.1 mg 或 0.01 mg。电子天平具有称量速度快、精度高、使用寿命长、性能稳定、操作简便和灵敏度高的特点,其应用越来越广泛。图 1 所示为电子天平的构造。

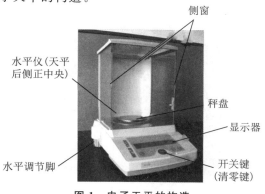

图 1　电子天平的构造

1. 原理

电子天平也称为电子秤,用于称量物体质量;根据不同的精度也可分为十分之一电子天平、百分之一电子天平、千分之一电子天平等。

电子天平一般采用应变式传感器、电容式传感器、电磁平衡式传感器。

电子天平是根据电磁力平衡原理进行称量的。放上被称物后,试样质量和重力加速度的作用,使得秤盘向下运动。天平检测到这个运动并通过电磁铁产生一个与此力相对抗的作用力,此作用力与试样的质量成比例,因此可以称得试样的质量。如图2所示。

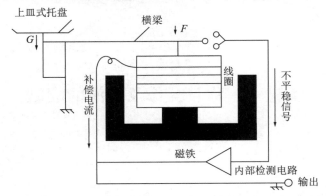

图 2 电子天平的称量原理

2. 使用前注意事项

(1)取下天平罩,叠好,放于天平后。

(2)检查天平盘内是否干净,必要时予以清扫。

(3)检查天平是否水平,若不水平,调节底座螺丝,使气泡位于水平仪中心。

(4)检查硅胶是否变色失效,若是,应及时更换。

3. 使用步骤

(1)接通电源(电插头),打开开关,预热(0.5~1 h)。

(2)调节与校准:检查水平仪(在天平后面),如不水平,应通过调节天平前边左、右两个水平支脚而使其达到水平状态。按一下开关键(ON/OFF),显示屏应很快出现"0.000 0 g",如果显示不正好是"0.000 0 g",应进行校准。校准程序是:调整水平,按下开关键,显示稳定后,如不为零则按"TARE"键,稳定地显示"0.000 0 g"后,按一下校准键(CAL),将 100 g 砝码放入天平内,天平将自动进行校准,屏幕显示出"CAL",表示正在进行校准;"CAL"消失后,出现"CC"表示校准完毕。天平校准后即可进行称量。

(3)称量:打开电子天平侧门,将被称物轻轻放在称盘上,关闭侧门,待显示屏上的数字稳定并出现质量单位"g"后,即可读数(最好再等几秒钟)并记录称量结果。

(4)称量完毕后,关闭电源,盖好天平罩。

4. 维护

(1)天平室应避免阳光照射,保持干燥,防止腐蚀性气体的侵蚀。天平应放在牢固的台上,避免震动。

(2)天平箱内应保持清洁,要放置并定期烘干吸湿用的干燥剂(变色硅胶),以保持干燥。

（3）称量物体不得超过天平的最大载重量。

（4）不得在天平上称量过热、过冷或散发腐蚀性气体的物质。

（5）称量时，侧门应轻开轻关。

（6）称量的样品必须放在适当的容器中，不得直接放在天平盘上。

（7）称量完毕，检查天平内外清洁状况，关好天平门，切断电源，罩上天平罩。在天平使用登记本上写清使用情况。

（8）称量的数据应及时写在记录本上，不得记在纸片或其他地方。

5. 注意事项

（1）在开关门放取称量物时，动作必须轻缓，切不可用力过猛或过快，以免造成天平损坏。

（2）对于过热或过冷的称量物，应使其回到室温后方可称量。称量物的总质量不能超过天平的称量范围，固定质量称量时要特别注意。

（3）所有称量物都必须置于一定的洁净干燥容器（如烧杯、表面皿、称量瓶等）中进行称量，以免沾染腐蚀天平。

（4）为避免手上的油脂汗液污染，不能用手直接拿取容器。称取易挥发或易与空气作用的物质时，必须使用称量瓶以确保在称量的过程中物质质量不发生变化。

（5）天平状态稳定后不要随便变更设置，天平上门一般不使用，操作时开侧门。

（6）实验数据必须记录到称量表格上，不允许记到其他地方。

（7）注意保持天平内外的干净卫生。

（8）通常在天平中放置变色硅胶做干燥剂，变色硅胶失效后应及时更换。

6. 称量方法

（1）直接称量法

此法用于称量器皿及在空气中性质稳定、不吸潮的试样，如金属、矿石等。将被称物置于天平盘上，直接称量。

（2）固定质量称量法

此法用于称量某一固定质量的试剂或试样。这种称量操作的速度很慢，适于称量不易吸潮，在空气中能稳定存在的粉末或小颗粒（最小颗粒应小于 0.1 mg）样品，以便精确调节其质量。本操作可以在天平中进行，用左手手指轻击右手腕部，将牛角匙中样品慢慢震落于容器内。

固定质量称量法要求称量精度在 0.1 mg 以内。如称取 0.500 0 g 石英砂，则允许质量的范围是 0.499 0～0.501 0 g。超出这个范围的样品均不合格。若加入量超出，则需重称试样，已用试样必须弃去，不能放回试剂瓶中。操作中不能将试剂洒落到容器以外的地方。称好的试剂必须定量转入接收器中，不能遗漏。

（3）差减称量法

此法用于吸潮或挥发性试样的称量。称量步骤是先称量试样和容器（称量瓶）的质量，取出部分试样后，再次称量试样和容器的质量，通过两次质量之差即可得出试样质量。

易吸潮的固体试样在称量前必须将其放入称量瓶，在约 105 ℃的烘箱内干燥 1～2 h，然后从烘箱中取出,盖上瓶盖连试样一起放入干燥器内冷却至室温。从干燥器中用纸条套着取出称量瓶,精密称量得 M_1。取下称量瓶,于接收容器的正上方,用纸条裹衬,打开瓶盖,用瓶盖轻敲瓶口上沿,使少量试样缓缓落入容器。当倾出试样接近所需量时慢慢将瓶竖起,轻敲瓶口,使靠近瓶口的试样落入称量瓶或容器中,盖好瓶盖(勿将试样洒落在容器以外的地方),精密称量得 M_2,取出的试样质量为 $M_1 - M_2$。

(二)容量瓶的使用

(1)使用前检查瓶塞处是否漏水。具体操作方法是:在容量瓶内装入半瓶水,塞紧瓶塞,用右手食指顶住瓶塞,另一只手五指托住容量瓶底,将其倒立(瓶口朝下),观察容量瓶是否漏水。若不漏水,将瓶正立且瓶塞旋转 $180°$ 后,再次倒立,检查是否漏水。若两次操作容量瓶瓶塞周围皆无水漏出,即表明容量瓶不漏水。经检查不漏水的容量瓶才能使用。

(2)把准确称量好的固体溶质放在烧杯中,用少量溶剂溶解,然后把溶液转移到容量瓶里。为保证溶质能全部转移到容量瓶中,要用溶剂多次洗涤烧杯,并把洗涤溶液全部转移到容量瓶里。转移时可用玻璃棒引流,方法是:将玻璃棒一端靠在容量瓶颈内壁上,注意不要让玻璃棒其他部位触及容量瓶口,防止液体流到容量瓶外壁上。

(3)向容量瓶内加入的液体液面离刻度线 $1\ cm$ 左右时,应改用滴管小心滴加,最后使液体的弯月面与刻度线正好相切。若加水超过刻度线,则需重新配制。

(4)盖紧瓶塞,用倒转和摇动的方法使瓶内的液体混合均匀。静置后如果发现液面低于刻度线,这是因为容量瓶内极少量溶液在瓶颈处润湿所损耗,所以并不影响所配制溶液的浓度。故不要在瓶内添水,否则,将使所配制的溶液浓度降低。

(三)移液器的使用

1. 工作原理

移液器(图3)的工作原理是活塞通过弹簧的伸缩运动来实现吸液和放液。在活塞推动下,排出部分空气,利用大气压吸入液体,再由活塞推动空气排出液体。使用移液器时,配合弹簧的伸缩性来操作,可以很好地控制移液的速度和力度。

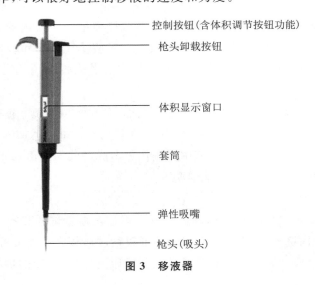

图3 移液器

2. 使用方法

(1)选择合适的移液器

移取标准溶液(如水、缓冲液、稀释的盐溶液或酸碱溶液)时多使用空气置换移液器,移取具有高挥发性、高黏稠度以及密度大于 2.0 g/cm³ 的液体或者在临床聚合酶链反应(PCR)测定中的加样时,使用正向置换移液器。如移取 15 μL 的液体,最好选择最大量程为 20 μL 的移液器,选择 50 μL 及其以上量程的移液器都不够准确。

(2)设定移液体积

调节移液器的移液体积控制旋钮进行移液量的设定。调节移液量时,应视体积大小而旋转刻度至超过设定体积的刻度,再回调至设定体积,以保证移取的最佳精确度。

(3)装配吸头

使用单通道移液器时,将可调试移液器的嘴锥对准吸头管口,轻轻用力垂直下压使之装紧。使用多通道移液器时,将移液器的第一排对准第一个管嘴,倾斜插入,前后稍微摇动拧紧。

(4)移液

保证移液器、吸头和待移取液体处于同一温度,然后用待移取液体润洗吸头 1~2 次,尤其是黏稠的液体或密度与水不同的液体。移取液体时,将吸头尖端垂直浸入液面以下 2~3 mm 深度(严禁将吸头全部插入溶液中),缓慢均匀地松开操作杆,待吸头吸入溶液后静置 2~3 s,并斜贴在容器壁上淌走吸头外壁多余的液体。

(5)放置移液器

移液器使用完毕后,用大拇指按住吸头推杆向下压,安全退出吸头后将其容量调到标识的最大值,然后将移液器悬挂在专用的移液器架上。长期不用时应置于专用盒内。

3. 移取方法

(1)前进移液法

按下移液操作杆至第一停点位置,然后缓慢松开按钮回原点;接着将移液操作杆按至第一停点位置排出液体,稍停片刻继续将移液操作杆按至第二停点位置排出残余液体,最后缓慢松开移液操作杆。

(2)反向移液法

先按下按钮至第二停点位置,慢慢松开移液操作杆回原点,排出液体时将移液操作杆按至第一停点位置排出设置好体积的液体,继续保持按住移液操作杆位于第一停点位置,取下有残留液体的吸头而弃之。

4. 注意事项

(1)在调节移液器的过程中,转动旋钮不可太快,也不能超出其量程,否则易导致量不准确,并且易卡住内部机械装置而损坏移液器。

(2)在装配吸头的过程中,用移液器反复强烈撞击吸头反而会拧不紧,长期如此操作,会导致移液器中零件松散,严重时会导致调节刻度的旋钮卡住。

(3)当移液器吸头里有液体时,切勿将移液器水平放置或倒置,以免液体倒流而腐蚀活塞弹簧。

(4)对移液器进行高温消毒时,应首先查阅所使用的移液器是否适合高温消毒后再进行处理。

(5)移液器未装吸头时,切莫移液。

(6)在设置量程时,请注意旋转到所需量程数字清清楚楚显示在显示窗中,所设量程在移液器量程范围内,不要将按钮旋出量程,否则会卡住机械装置,损坏移液器。

(7)严禁用移液器吸取有强挥发性、强腐蚀性的液体(如浓酸、浓碱、有机物等)。

(8)严禁使用移液器吹打混匀液体。

(9)不要用大量程的移液器移取小体积的液体,以免影响准确度。同时,如果需要移取量程范围以外较大量的液体,请使用移液管进行操作。

三、实验仪器和试剂

(1)NaCl、称量纸、镊子、药匙、标签纸。

(2)台式天平、电子天平、称量瓶、100 mL 容量瓶、250 mL 容量瓶、砝码。

四、实验步骤及注意事项

分别用 100 mL 和 250 mL 的容量瓶配制 0.9% 的生理盐水。NaCl 分别用台秤和分析天平称量,具体参考步骤如下:

(1)用台秤称取 0.9 g NaCl,置于烧杯中,加少量水溶解。

(2)用直接称量法和差减称量法分别称取 2.25 g NaCl,置于不同的烧杯中,加少量水溶解。

(3)将 0.9 g NaCl 溶液移入 100 mL 容量瓶,润洗烧杯 3 次,加水到容量瓶的刻度线,定容。

(4)将 2.25 g NaCl 溶液移入 250 mL 容量瓶,润洗烧杯 3 次,加水到容量瓶的刻度线,定容。

五、数据处理

(1)分别计算出溶液浓度[质量分数(%)、摩尔浓度(mol/L)]。

(2)将溶液浓度用标签纸标注在容量瓶上,并注明实验者的姓名、学号,待用。

六、创新思考

(1)本实验中所配制的 NaCl 溶液在日常生活和实验操作中有什么用途?

(2)天平中硅胶的作用是什么?

(3)用差减称量法称取试样,若称量瓶内的试样吸湿,对称量结果是否有影响?若试样倾倒入烧杯内之后再吸湿,对称量是否有影响?

实验二　水样 pH 值和电导率的测定

一、实验目的

（1）了解 pH 值及电导率的含义及计算方法。
（2）了解 pH 值及电导率的测定方法及其在水质分析中的意义。
（3）熟练掌握 pH 试纸的使用方法。
（4）掌握精密 pH 计及便携式电导率仪的操作方法。

二、实验原理

（一）pH 值

1. 什么是 pH 值

pH 是拉丁语 pondus hydrogenii 一词的缩写，亦称氢离子浓度指数，是溶液中氢离子（H^+）活度的一种标度，也就是通常意义上溶液酸碱度的衡量标准。常温下 pH 值是一个介于 0 和 14 之间的数：pH ＜7 时，溶液呈酸性；pH ＞7 时，溶液呈碱性；pH ＝7 时，溶液呈中性。

2. pH 值的计算方法

水的离子积常数：$K_w ＝[H^+][OH^-]$（$[H^+]$、$[OH^-]$ 分别为 H^+、OH^- 浓度），常温（25 ℃）下 $K_w ＝10^{-14}$。

在酸性溶液中：$pH ＝-lg[H^+]$。

碱性溶液中：$pH ＝K_w -lg[OH^-]$。

3. pH 值的测定方法

（1）pH 试纸法

pH 试纸有广泛试纸和精密试纸，用玻璃棒蘸一点待测溶液到试纸上，然后根据试纸的颜色变化并对照比色卡可得到溶液的 pH 值。

pH 试纸使用的常见错误包括：用蒸馏水湿润后再用玻璃棒滴在试纸上，或直接将试纸放入溶液中测量。

（2）化学分析法

化学分析法是指在待测溶液中加入 pH 指示剂，不同的指示剂在不同的 pH 值时会变化颜色，根据指示剂颜色变化就可以确定 pH 值的范围。滴定时，可以做精确的 pH 标准。

（3）电位法

电位法比较直观的方法便是使用 pH 计。pH 计是一种测量溶液 pH 值的仪器，它通过 pH 选择电极（如玻璃电极）来测量溶液的 pH 值。精密 pH 计的使用步骤如下：

①校正

用去离子水或者冲洗溶液仔细冲洗 pH 电极和温度探头（不要擦拭电极以免玻璃表面产

生静电)。选择一种或几种缓冲溶液(pH=7.0,pH=4.5,pH=10.3),进行一点或多点校正。

②测量

a. 用蒸馏水冲洗电极以去除附着在电极表面的杂质。

b. 按"ON"键开动仪器,则显示板上边缘中部会有信号"MEAS"闪亮。若温度探头已经插在仪器上,"ATC"信号会在右下角闪亮。

c. 将电极和温度探头放入被测的样品中,确保将电极的玻璃泡全部浸没到样品中。轻轻搅动探头以使样品均匀。

d. 用待读数稳定。读数稳定时,信号"READY"会闪亮,此时读数的准确度在±0.01pH 范围内。读取读数。

③电极储存

由于测量电极很容易被氧化,测量完成后,遵循下面的程序进行电极保存:

a. 用去离子水冲洗电极和参比电极,然后用滤纸吸干水分。

b. 用橡皮套或帽套住充液孔(只限于需再充液的电极)。

c. 最好的储存方法是使电极的玻璃泡始终湿润,一般用饱和 KCl 溶液。

(二)电导率

1. 什么是电导率

电导率是以数字表示溶液传导电流的能力,通常我们用它来表示水的纯度。纯水的电导率很小,当水中含有无机酸、碱、盐或有机带电胶体时,电导率就增加。电导率常用于间接推测水中带电荷物质的总浓度。水溶液的电导率取决于带电荷物质的性质和浓度、溶液的温度和黏度等。

电导率的标准单位是 S/m(西门子每米),一般实际使用单位为 mS/m,常用单位为 μS/cm。

单位间的互换关系为

$$1 \text{ mS/m}=0.01 \text{ mS/cm}=10 \text{ μS/cm}$$

新蒸馏水电导率为 $0.05\sim0.2$ mS/m,存放一段时间后,由于空气中的二氧化碳或氨的溶解,电导率可上升至 $0.2\sim0.4$ mS/m;饮用水电导率在 $5\sim150$ mS/m 之间;海水电导率大约为 3 000 mS/m;清洁河水电导率为 10 mS/m。电导率随温度变化而变化,温度每升高 1 ℃,电导率增加约 2%,通常规定 25 ℃为测定电导率的标准温度。

2. 电导率的计算方法

由于电导是电阻的倒数,因此,当两个电极(通常为铂电极或铂黑电极)插入溶液中时,可以测出两电极间的电阻 R。根据欧姆定律,温度一定时,这个电阻值与电极的间距 L(cm) 成正比,与电极截面积 A(cm^2)成反比,即:

$$R=\rho\times L/A$$

由于电极面积 A 与间距 L 都是固定不变的,故 L/A 是一个常数,称电导池常数(以 Q 表示)。

比例常数 ρ 叫作电阻率。其倒数 $1/\rho$ 称为电导率,以 K 表示。

$$S=1/R=1/(\rho\times Q)$$

S 表示电导,反映导电能力的强弱。所以,$K=QS$ 或 $K=Q/R$。

当已知电导池常数,并测出电阻后,即可求出电导率。

3. 便携式电导率仪(ECTestr11＋)的使用步骤

(1)打开电极保护盖,将电极在酒精中浸没 2 min 以去除沾在上面的油污。

(2)用去离子水将电极仔细清洗干净,甩干水分。

(3)按"ON/OFF"键打开电导率仪,屏幕显示"MEAS"表示仪器处于测量模式下。

(4)将电极浸入待测溶液中(确保电极完全浸没在液体中),轻轻转动电极去除气泡,待读数稳定后,读数并记录数据。

(5)测完后将电极用去离子水洗净,盖好保护盖。

注意:电导率仪显示屏上方显示的是被测溶液 25 ℃时的标准电导率,下方显示的是测量时溶液的实时温度,电导率仪自动完成温度补偿。

三、实验仪器和试剂

(1)待测水样、饱和 KCl 溶液、酒精、pH 计缓冲溶液、去离子水(电导率小于 0.1 mS/m)。

(2)电子天平、容量瓶、pH 试纸、精密 pH 计、便携式电导率仪、烧杯、玻璃棒、标签纸。

四、实验步骤及注意事项

(1)实验者从校园中取自来水、纯水和湖水 3 个水样各 1.5 L,并标明水样标号、取样地点、取样时间、取样人等信息,注意取样方法,待用。

(2)pH 试纸法测定水样 pH 值:用玻棒蘸一点待测水样到试纸上,根据试纸的颜色变化并对照比色卡,得到溶液的 pH 值,并记录数据。

(3)取少量水样,分别用精密 pH 计和电导率仪测量溶液的 pH 值、电导率和温度,分别测量 3 次,并记录数据。

(4)将 pH 计电极头用去离子水洗净后封存于饱和 KCl 溶液中,电导率仪用去离子水洗净盖好。

五、数据记录与处理

1. pH 值测定

根据 pH 值计算水样中 H^+、OH^- 的浓度(mol/L),并记录在表 1 中。

表 1　一定 pH 值下水样中的离子浓度

水样	pH	H^+浓度/(mol/L)	OH^-浓度/(mol/L)	温度/℃	取样点

2. 电导率测定

(1)仪器的读数即为水样恒温下的电导率(25 ℃),单位为 $\mu S/cm$。

(2)在任意水温下测定,必须记录水样温度,样品测定结果可按下式计算:

$$K_T = K_{25} \times [1 + a(T - 25)]$$

式中，K_{25}——水样在 25 ℃时电导率，$\mu S/cm$；

  K_T——水样在 T ℃时的电导率，$\mu S/cm$；

  a——各种离子电导率的平均温度系数，取 0.022/1 ℃；

  T——测定时水样品温度，℃。

（3）根据样品读数，计算不同温度下（10 ℃、20 ℃、30 ℃）样品的实际电导率。

六、创新思考

（1）列举几种常见的酸碱指示剂及其变色范围。

（2）电导率越低的水越适宜饮用吗？说明原因。

实验三　萃取、分液与离心分离

一、实验目的

(1)掌握萃取、分液及离心分离的原理。
(2)掌握利用四氯化碳萃取出碘水中碘的分离操作方法。
(3)掌握牛奶、酸奶的离心分离操作方法。

二、实验原理

(一)萃取、分液的原理

1. 萃取

萃取又称溶剂萃取或液液萃取,亦称抽提,即利用物质在两种互不相溶(或微溶)的溶剂中溶解度或分配系数的不同,使溶质物质从一种溶剂转移到另外一种溶剂中的方法。它广泛应用于化学、冶金、食品等工业。用来提取溶质的溶剂称为萃取剂。

萃取剂的选择应遵循如下原则:
(1)溶质在萃取剂中的溶解度要比在原溶剂中大;
(2)萃取剂与原溶剂互不相溶;
(3)萃取剂与溶液不发生反应。

2. 分液

分液是将萃取后两种互不相溶且密度不同的液体分开的操作。萃取与分液通常是配合联用的。

(二)离心分离的原理

离心分离是借助离心力,使比重不同的物质进行分离的方法。离心机可产生相当高的角速度,使离心力远大于重力,于是溶液中的悬浮物便沉淀析出;又由于比重不同的物质所受到的离心力不同,从而沉降速度不同,使比重不同的物质达到分离。离心分离技术就是借助离心机旋转所产生的离心力,根据物质颗粒的沉降系数、质量、密度及浮力等因素的不同,而使物质离心分离的技术。

1. 离心机的种类与用途

离心机有多种多样。按用途划分为分析用、制备用及分析-制备两用;按结构特点划分为管式、吊篮式和碟式多种;按离心机转速的不同,可分为常速(低速)、高速和超速三种。

(1)常速离心机

常速离心机又称为低速离心机。最大转速在 8 000 r/min 以内,相对离心力(RCF)在 $1\times10^4\,g$ 以下,主要用于分离细胞、细胞碎片以及培养基残渣等固体和粗结晶等较大颗粒。

(2)高速离心机

高速离心机的转速为 $1\times10^4\sim2.5\times10^4$ r/min,最大相对离心力达 $1\times10^5\,g$,主要用于分离各种沉淀物、细胞碎片和较大的细胞器等。有些高速离心机装设了冷冻装置,称高速冷冻离心机。

（3）超高速离心机

超速离心机的转速达 $2.5 \times 10^4 \sim 8 \times 10^4$ r/min，最大相对离心力达 $5 \times 10^5 g$ 甚至更高。

2. 离心分离方法的选择

（1）差速离心

采用不同的离心速度和离心时间，使沉降速度不同的颗粒分批分离的方法，称为差速离心。操作时，采用均匀的悬浊液进行分离。选择好离心力和离心时间，使大颗粒先沉降，取出上清液，再加大离心力进行离心，分离较小的颗粒。如此多次离心，使不同大小的颗粒分批分离。差速离心所得到的沉降物含较多杂质，需经过重新悬浮和再离心若干次，才能获得较纯的分离产物。差速离心主要用于分离大小和密度差异较大的颗粒。操作简单方便，但分离效果差。

（2）密度梯度离心

密度梯度离心是样品在密度梯度介质中进行分离，使密度不同的组分得以分离的区带分离方法。密度梯度系统是在溶剂中加入一定的梯度介质制成的。梯度介质应该有足够大的溶解度，以形成所需的密度，不与分离组分反应，而且不会引起分离组分的凝聚、变性或失活。常用的有蔗糖、甘油。使用最多的是蔗糖密度梯度系统，其梯度范围是：蔗糖浓度 5%～60%，密度 $1.02 \sim 1.30$ g/cm³。

（3）等密度离心

将 $CsCl_2$、$CsSO_4$ 等介质溶液与样品溶液混合，然后在选定的离心力作用下，经足够时间离心，铯盐在离心场中沉降形成密度梯度，样品中不同浮力密度的颗粒在各自的等密度点位置上形成区带。该法效果最好，但需要精确计算盐浓度。

3. 离心条件的确定

离心分离的效果好坏与诸多因素有关。除了离心机种类、离心方法、离心介质及密度梯度外，最主要的是离心机的转速与离心时间。

（1）相对离心力

$$RCF = 1.12r(n/1\,000)^2 \cdot g$$

式中，n——转速，r/min；

　　r——旋转半径，cm；

　　g——重力加速度，980.6 cm/s²。

（2）离心时间

$$t_s = [27.4 \times (\ln R_{max} - \ln R_{min}) \mu] / [n^2 r^2 (\sigma - \rho)]$$

式中，ρ——混合溶液密度，g/cm³；

　　σ——粒子密度，g/cm³；

　　μ——混合液黏度，Pa·s；

　　n——转速，r/min；

　　r——粒子半径，cm；

　　R_{max}——试液底到轴心距离；

　　R_{min}——试液面到轴心距离。

注意：离心温度一般控制在 4 ℃左右，对于热稳定性较好的物质，也可以在室温下进行。离心介质溶液的 pH 值应该处于稳定测定物的范围内，必要时需用缓冲溶液。

三、实验仪器和试剂

(1)仪器:分液漏斗、10 mL 量筒、15 mL 离心试管、离心试管套、台秤、滴管、低速离心分离机等。

(2)试剂:四氯化碳、碘水、纯牛奶、酸奶、去离子水。

四、实验步骤及注意事项

(一)萃取分液

1. 检漏

使用分液漏斗前要检验漏斗是否漏水。方法为:关闭活塞,在漏斗中加少量水,看活塞处是否漏水。如果不漏,塞好塞子,用右手握住漏斗上口的颈部,并用食指根部压紧塞子,以左手握住旋塞,同时用手指控制活塞,将漏斗倒转过来,用力振荡,看是否漏水。如果不漏水,就可以用来进行萃取。

2. 加液、加萃取剂、振荡

取 20 mL 饱和碘水从上口倒入分液漏斗中,再加入 8 mL 四氯化碳,盖好玻璃塞(注意玻璃塞上的小槽不能对准漏斗颈部的圆孔),振荡。刚开始时勤放气,后面放气频率可降低,之后将漏斗放在铁架台上静置。

注意:(1)加入液体的总量不能超过漏斗容积的 2/3;(2)振荡过程中要注意放气。

3. 静置分层

静置后漏斗中的液体分为两层:下层为紫红色,这一层为碘的四氯化碳溶液,因为四氯化碳的密度比水大;上层溶液颜色变浅。说明碘水中的碘已经被萃取到四氯化碳中了,达到碘和水分离的目的——这就是萃取。

4. 分液

(1)将玻璃塞上的小槽对准漏斗颈部的圆孔,再将活塞打开,使下层液体慢慢流出,注意拧开活塞的操作,而且漏斗下端口要紧靠烧杯壁。

(2)上层液体应从上口倒出而不是从下口放出,这是为了防止上层液体混带有下层液体。

(二)离心分离

1. 溶液配制

分别取 2.5 mL、3.5 mL、4.5 mL、5.5 mL、6.5 mL、7.5 mL 牛奶和酸奶置入离心试管,并将试管放入管套内待用。

2. 操作步骤

(1)打开电源→按开门键开仓→安装好离心转子→装挂件→放入试管套及试管→检查平衡→关仓门→设定转速 4 500 r/min,加速时间 120 s,减速时间 150 s,总时间 10 min。

(2)待电子屏显示分离完成并发出响声时,按开门键取出样品,观察实验结果。

(3)最后洗涤试管并擦干放置于实验台上,清洁实验台。

注意:在离心机仓门上不许放置任何物体。

实验四　双指示剂法测定混合碱的组成与含量

一、实验目的

(1)掌握 HCl 标准溶液配制和标定的原理与方法。

(2)掌握酸式滴定管及移液管的操作。

(3)学习双指示剂法判断混合碱的组成与各组分含量及总碱量的测定原理。

(4)了解滴定管的发展历史,了解我国工业碱制备传统工艺——侯氏制碱法。

二、实验原理

HCl 在空气中不稳定,具有可挥发性,其标准溶液配制常采用间接配制法,即先配制成目标近似浓度,再用基准物质标定其准确浓度。常采用无水碳酸钠(Na_2CO_3)作为基准物质进行标定,具体反应如下:

$$Na_2CO_3 + 2HCl = 2NaCl + H_2O + CO_2 \uparrow$$

达到化学反应计量点时,体系是 H_2CO_3 的饱和溶液,pH 为 3.9。可选用甲基橙指示剂(变色范围:pH $3.1 \sim 4.4$),滴定终点时,试液由黄色变为橙色,30 s 不褪色。值得注意的是,临近终点时,应剧烈摇动锥形瓶中的试液,使 H_2CO_3 的过饱和部分不断分解逸出,从而避免因试液酸度过高,致使终点提前,产生误差。或者在临近终点时加热试液至沸,并摇动逐出过量的 CO_2,待冷却后再滴定,可提高准确度。

工业混合碱一般有两种形式,即 $NaOH$-Na_2CO_3 或 Na_2CO_3-$NaHCO_3$ 混合物。采用 HCl 标准溶液作为滴定剂,先后使用酚酞和甲基橙两种指示剂,在同一份试液中连续滴定,根据消耗的滴定剂体积,判断混合碱组成,并测定各组分含量,因此将这种测定方法称为双指示剂法。由于该法简便快速,所以在生产中应用普遍。

工业混合碱试样一般不是十分均匀的,为了保证分析试样的代表性,提升测定结果准确度,应先将试样充分混匀,适当多称取一些试样配成溶液,再从中分取适当体积溶液用于测定。

滴定原理:在混合碱试液中先加入酚酞指示剂,用 HCl 标准溶液进行滴定,至试液由紫红色渐变为微紫色(或浅粉红色)为第一终点。此时,混合碱中的 NaOH 已完全反应,而 Na_2CO_3 只被滴定至 $NaHCO_3$ 为止(计量点 pH = 8.32),消耗 HCl 标准溶液的体积为 V_1,有关滴定反应如下:

$$NaOH + HCl = NaCl + H_2O$$
$$Na_2CO_3 + HCl = NaCl + NaHCO_3$$

接着在同一份试液中加入第二种指示剂甲基橙,继续用 HCl 标准溶液滴定,至试液由黄色突变为橙色时为第二终点。此时,$NaHCO_3$ 与 HCl 反应完毕,计量点 pH = 3.89,消耗 HCl 标准溶液的体积为 V_2,反应如下:

$$NaHCO_3 + HCl = NaCl + H_2O + CO_2 \uparrow$$

由 V_1 与 V_2 体积的相对大小可以判断混合碱的组成。若 $V_1 > V_2$，试样为 NaOH 和 Na_2CO_3 的混合物；而当 $V_1 < V_2$ 时，试样则应由 Na_2CO_3 和 $NaHCO_3$ 混合组成。不难确定在混合碱中各组分消耗 HCl 标准溶液的体积，据此可求出它们的含量。

如仅需测定工业混合碱的总碱量，不用确定具体成分，则只要加入甲基橙一种指示剂，用 HCl 标准溶液滴定至终点时，消耗的总体积应为 $V_1 + V_2$，并将混合碱折算成 Na_2O 的含量来计算其总碱量。

需要注意的是：

(1) 由于二元弱碱 Na_2CO_3 的两级解离常数 K_{b1} 和 K_{b2} 之间相差仅接近 10^4，因此分步滴定的准确度不是很高；加之在第一终点附近，两性物质 $NaHCO_3$ 的缓冲作用使酚酞此时的颜色变化（红→微红）是渐变的，没有突变，实验中较难对滴定终点做出准确判断。为了改进上述情况，常采用甲酚红-百里酚蓝混合指示剂代替酚酞来确定第一滴定终点。混合指示剂的变色点 pH 为 8.3，它在 pH = 8.2 时呈玫瑰色，pH = 8.4 时显清晰的紫色。用 HCl 标准溶液滴定时，试液由紫色突变为红色，终点的变色敏锐。

(2) 为了提升实验综合性，可以考虑将混合碱变更为工业碱试样，根据上述双指示剂法滴定消耗的 HCl 体积（V_1、V_2），判定工业碱试样的组成与含量，具体如表 1 所示。

表 1　不同工业碱试样消耗 HCl 标准溶液情况

工业碱组成	HCl 消耗体积关系
$NaHCO_3$	$V_1 = 0, V_2 \neq 0$
NaOH	$V_1 \neq 0, V_2 = 0$
Na_2CO_3	$V_1 = V_2$
NaOH、Na_2CO_3	$V_1 > V_2$
Na_2CO_3、$NaHCO_3$	$V_1 < V_2$

三、实验仪器和试剂

本实验的主要仪器与试剂如表 2 所示。

表 2　主要仪器与试剂

仪器/试剂名称	规格/浓度/使用条件
酸式滴定管	50/25 mL
直口锥形瓶	250/200 mL
HCl 标准溶液	约 0.10 mol/L
无水 Na_2CO_3	270～300 ℃ 干燥 1 h，置于干燥器中保存
酚酞溶液	0.2% 乙醇溶液
甲基橙溶液	0.1% 水溶液
混合碱试样	若干

甲酚红-百里酚蓝混合指示剂的配制：0.1 g 甲酚红指示剂溶于 100 mL 50％乙醇中；0.1 g 百里酚蓝指示剂溶于 100 mL 20％乙醇中。按体积比 1：6 混匀，即取 1 份 0.1％甲酚红溶液与 6 份 0.1％百里酚蓝溶液混合均匀而成。

四、实验步骤及注意事项

(一) HCl 标准溶液的配制与标定

配制浓度约为 0.10 mol/L HCl 溶液 500 mL。准确称取 0.10～0.12 g 基准试剂无水 Na_2CO_3 于 250 mL 锥形瓶中，用大约 30 mL 水将其完全溶解后，加入 2 滴甲基橙指示剂，用待标定的 HCl 溶液滴定至试液由黄色变为橙色为终点（注意充分振摇），记录 V_{HCl}。平行标定 3 份。

为了减小称量误差，可准确称取基准试剂无水 Na_2CO_3 1.3～1.5 g 于 100 mL 小烧杯中，加入 30～40 mL 水将其完全溶解后，定量转入 250 mL 容量瓶中，加水稀释，定容并摇匀。用移液管移取 20.00 mL 试液于 250 mL 锥形瓶中，以下操作同上。

(二) 混合碱的测定

1. 双指示剂法

用移液管移取 25.00 mL 混合碱试液于 250 mL 锥形瓶中，加入 2～3 滴酚酞指示剂，用已标定的 HCl 标准溶液滴定，至试液由紫红色变为微紫色[①]为第一终点，记录所消耗 HCl 标液的体积 V_1（mL）；再在同一份试液中加入甲基橙指示剂 2 滴（此时因微紫色叠加甲基橙的黄色，试液略显橙色），继续用上述 HCl 标准溶液滴定，至试液由橙色变为黄色，再变为橙色时为第二终点[②]，记下第二次用去 HCl 溶液的体积 V_2（$V_{总} - V_1$）。平行测定 3 份。

2. 混合指示剂法

用混合指示剂 5 滴代替酚酞指示剂，用 HCl 标准溶液滴定，至试液由紫色突变为粉红色即为第一终点，其他步骤均同双指示剂法。

五、数据记录与处理

(1) 计算 HCl 标准溶液的浓度、平均值与相对平均偏差 $\overline{d_r}$，要求 $\overline{d_r} \leqslant 0.2$％。

(2) 根据 V_1 与 V_2 的相对大小，判断混合碱的组成。

(3) 根据混合碱的组成确定各组分消耗 HCl 标准溶液的体积，并计算出各组分的质量

[①] 采用双指示剂法，用酚酞变色确定第一终点时，最好事先配制与试液中浓度相近的 $NaHCO_3$ 酚酞溶液作为参照液，将试液的颜色与其对照，以便较轻易确定终点。再者，无论采用何种指示剂，在到达第一终点之前，滴定速度均不可过快，并且要注意充分振摇试液，防止因滴定剂 HCl 局部过浓，致使少量 Na_2CO_3 直接完全反应并分解成 CO_2 逸出，造成测定误差。

[②] 临近第二终点前，一定要充分振摇试液，避免因 H_2CO_3 过饱和致使试液酸度升高而导致终点提前。

浓度(g/L)、平均值及相应的 $\overline{d}_r$。

（4）根据 $V_1 + V_2$(mL)，计算试样的总碱量（以 Na_2O 表示）的质量浓度(g/L)、平均值与相对平均偏差，要求 $\overline{d}_r \leqslant 0.2\%$。

（5）将所有数据分别按标定和测定两部分列表表示出来。

六、课程思政——侯氏制碱法

碳酸钠，俗称纯碱，又称苏打、碱灰，白色粉末，味苦而涩，遇水生成含有结晶水的碳酸钠晶体。在工业上，碳酸钠广泛用于玻璃、造纸、纺织、洗涤剂等的生产，是重要的基础化工原料，被称为"化工之母"。以时间为主线，同时考虑制碱工业的生产工艺，制碱方法历经天然制碱法、路布兰制碱法、索尔维制碱法。为了打破索尔维制碱法的技术垄断，杜绝洋碱操控中国碱业市场，1918 年，民族企业家范旭东先生组织筹备成立永利碱厂。1921 年，范先生邀请侯德榜先生回国出任永利碱厂总工程师，生产中国自己的纯碱。

侯氏制碱法主要包括两个过程。第一个过程与索尔维制碱法相同，即将 NH_3 气溶入饱和食盐水制成氨盐水，再通入 CO_2 生成 $NaHCO_3$ 沉淀，经过滤、洗涤、煅烧得到纯碱，此时滤液含有 NH_4Cl 和 $NaCl$。第二个过程是利用 NH_4Cl 与 $NaCl$ 的溶解度在不同温度下变化不同，从滤液中沉淀 NH_4Cl 制成氮肥。侯氏制碱法提高了食盐利用率，缩短了反应流程，减少了环境污染，克服了氨碱法不足，同时实现了氮肥 NH_4Cl 联产，降低了纯碱成本，具有显著的节能效果。

侯氏制碱法的诞生历时多年，经历了生产"红三角"牌纯碱、写出《纯碱》巨著，最终创制完成侯氏制碱法的过程。在中华民族艰苦的抗日战争中，成功研制中国人自己的制碱法，不仅是中华民族的荣耀，更是制碱工业史上一座光辉灿烂的丰碑。

七、创新思考

（1）如基准试剂无水 Na_2CO_3 部分吸湿，将会给标定和测定的结果分别带来哪些影响？

（2）如在第一终点已滴定至酚酞完全褪色，分析此时试液中可能发生的反应及其对测定结果的影响。

参考文献

[1] 门闯.我国天然碱工业发展概况及今后展望[J].纯碱工业,1985(6):49-51,62.

[2] 门闯.溶剂法从天然碱矿制取纯碱[J].纯碱工业,1984(6):49-52.

[3] 朱莎.中国纯碱工业的历史形成[D].沈阳:东北大学,2010.

[4] 赵亚楠,郭玉林.百年制碱[J].中国现代教育装备,2020(18):41-44.

实验五　水体总硬度的测定

一、实验目的

(1)了解水体硬度测定的意义和常用表示方法。

(2)掌握 EDTA 法测定水中 Ca^{2+}、Mg^{2+} 含量的原理和方法。

(3)熟悉金属指示剂变色原理及滴定终点的判断。

二、实验原理

(一)测定意义及表示方法

水的硬度是水质表征的一个重要指标,与日常生活和工业生产关系密切。例如,过软或过硬的水体不利于人体健康,水质软硬直接影响饮品生产企业的产品质量。水体硬度测定可为水处理和水质评价提供重要依据,对于生产、生活具有重要现实意义。

水的总硬度是指水中 Ca^{2+}、Mg^{2+} 的总量,包括暂时硬度和永久硬度。水中 Ca^{2+}、Mg^{2+} 以酸式碳酸盐形式存在的部分,因其遇热即形成碳酸盐沉淀而被除去,称为暂时硬度;而以硫酸盐、硝酸盐和氯化物等形式存在的部分,因其性质比较稳定,故称为永久硬度。根据成分构成,硬度又可划分为钙硬和镁硬,钙硬是由 Ca^{2+} 引起的,镁硬是由 Mg^{2+} 引起的。

常用的硬度表示单位有以下三种:

(1)以 1 L 水中所含 Ca^{2+}(或相当量 Mg^{2+})的量(以 mmol 为单位计)表示,即以 1 L 水中含有 0.5 mmol Ca^{2+} 为 1°。

(2)以 1 L 水中含 10 mg CaO 为 1°,称为德国硬度,以 DH 表示。8 DH 以下为软水,8～10 DH 为中等硬水,16～30 DH 为硬水,硬度大于 30 DH 的属于很硬的水。

(3)以 1 L 水中所含的钙、镁化合物换算成 $CaCO_3$ 的质量(以 mg 为单位计)表示。

(二)测定原理和方法

水的硬度测定一般采用配位(络合)滴定法,用 EDTA(乙二胺四乙酸二钠盐)标准溶液滴定水中的 Ca^{2+}、Mg^{2+} 总量,然后换算为相应的硬度单位。用 EDTA 滴定 Ca^{2+}、Mg^{2+} 总量时,一般是在 pH=10 的氨性缓冲溶液中进行,用铬黑 T(EBT)作指示剂。化学计量点前,Ca^{2+}、Mg^{2+} 和 EBT 生成紫红色络合物(由于 $\lg K_{CaY} > \lg K_{MgY}$,EDTA 先与 Ca^{2+} 络合,再与 Mg^{2+} 络合),当用 EDTA 溶液滴定至化学计量点时,游离出指示剂,溶液呈现纯蓝色。

化学计量点前发生的反应(其中 Y 代表 EDTA 酸根部分):

$$H_2Y^{2-} + Ca^{2+} = CaY^{2-} + 2H^+$$

$$H_2Y^{2-} + Mg^{2+} = MgY^{2-} + 2H^+$$

终点时($\lg K_{MgY} > \lg K_{MgIn}$)发生的反应(其中 In 代表指示剂酸根部分):

$$MgIn^-（紫红色）＋H_2Y^{2-}＝MgY^{2-}（纯蓝色）＋HIn^{2-}＋H^+$$

需要注意的是：

（1）由于 EBT 与 Mg^{2+} 显色灵敏度高，而与 Ca^{2+} 显色灵敏度低，所以当水样中 Mg^{2+} 含量较低时，用 EBT 作指示剂往往得不到敏锐的终点。这时可在 EDTA 标准溶液中加入适量的 Mg^{2+}（标定前加入 Mg^{2+} 对终点没有影响）或者在缓冲溶液中加入一定量 Mg^{2+}-EDTA 盐，利用置换滴定法的原理来提高终点变色的敏锐性。

（2）滴定时，Fe^{3+}、Al^{3+} 等干扰离子可用三乙醇胺掩蔽；Cu^{2+}、Pb^{2+}、Zn^{2+} 等重金属离子则可用 KCN（具有剧毒性）、Na_2S 或硫基乙酸等掩蔽。

三、实验仪器和试剂

本实验的主要仪器与试剂如表 1 所示。

表 1　主要仪器与试剂

仪器/试剂名称	规格/制备条件
酸式滴定管	25 mL 或 50 mL
直口锥形瓶	200 mL 或 250 mL
EDTA 标准溶液（约 0.01 mol/L）	称取 3.7 g 乙二胺四乙酸二钠盐（$Na_2H_2Y \cdot 2H_2O$）于 250 mL 烧杯中，用水溶解稀释至 1 000 mL。如溶液需保存，最好储存在聚乙烯塑料瓶
氨性缓冲溶液（pH＝10）	称取 20 g NH_4Cl 固体溶解于水中，加 100 mL 浓氨水，用水稀释至 1 L
EBT 溶液（5 g/L）	称取 0.5 g 铬黑 T，加入 25 mL 三乙醇胺、75 mL 乙醇，混匀
Na_2S 溶液（2%）	2% 的 Na_2S 水溶液
三乙醇氨溶液（20%）	20% 的三乙醇氨水溶液
HCl（1∶1）溶液	与水体积比为 1∶1 的 HCl 溶液
金属锌（99.99%）	Zn^{2+} 标准溶液：准确称取 0.15 g 分析纯 Zn 固体于 100 mL 烧杯中，用少量去离子水润湿，加 10 mL HCl（1∶1）溶液搅拌使其溶解，转移至 250 mL 容量瓶，定容，摇匀备用
氨水（1∶1）	与水体积比为 1∶1 的氨水

四、实验步骤及注意事项

（一）实验步骤

1. 0.01 mol/L EDTA 溶液的标定

用移液管移取 25.00 mL Zn^{2+} 标准溶液于 250 mL 锥形瓶中，加水 20 mL，摇匀。滴加氨水（1∶1）至恰好产生白色沉淀，加入 10 mL 氨性缓冲溶液，沉淀溶解，加入铬黑 T 指示剂 5 滴，用 EDTA 溶液滴定至溶液由紫红色变为纯蓝色，即为终点。

2. 水样分析

用移液管移取 25.00 mL 水样于 250 mL 锥形瓶中,加 1~2 滴 HCl(1∶1)使之酸化,煮沸数分钟以除去 CO_2,冷却后,加入 8 mL 三乙醇胺溶液、5 mL 氨性缓冲溶液、1 mL Na_2S 溶液、3 滴 EBT 指示剂,用 EDTA 溶液滴定至溶液由紫红色变为纯蓝色,即为终点。

(二)注意事项

(1)络合滴定速度不能太快,特别是临近终点时要逐滴加入,并充分摇动,因为络合反应速度较中和反应要慢一些。

(2)在络合滴定中加入金属指示剂的量是否合适对终点观察十分重要,应细心体会。

(3)络合滴定对去离子水质量的要求较高,不能含有 Fe^{3+}、Al^{3+}、Cu^{2+}、Mg^{2+} 等离子。

(4)自来水样较纯、杂质少,作为检测对象时可省去酸化、煮沸、加 Na_2S 掩蔽剂等步骤。

(5)如果 EBT 指示剂在水样中变色缓慢,则可能是由于 Mg^{2+} 含量低,这时应在滴定前加入少量 Mg^{2+} 溶液,开始滴定时滴定速度宜稍快,接近终点时滴定速度宜慢,每加 1 滴 EDTA 溶液后,都要充分摇匀。

(6)滴定管中剩余的无污染的 EDTA 应重新倒回 EDTA 试剂瓶中,避免浪费。

五、数据记录与处理

(1)列表记录各项实验数据(自行设计表格)。

(2)计算 EDTA 的浓度。

(3)计算水的总硬度(分别以 DH 和 mg $CaCO_3$ 为单位)。

六、创新思考

(1)写出实验中各试剂在滴定操作中的作用。

(2)什么叫水的硬度?通常怎样表示?

实验六　间接碘量法测定铜合金中铜的含量

一、实验目的

(1)掌握 $Na_2S_2O_3$ 标准溶液的配制方法。
(2)掌握铜合金中铜的间接碘量法测定原理与操作方法。
(3)学习合金试样的处理方法。

二、实验原理

(一)铜合金的分解

铜合金种类较多,主要有黄铜和各种青铜。铜合金中铜的测定一般采用碘量法。试样可以用 HNO_3 分解,但低价氮的氧化物由于能氧化 I^- 而干扰测定,故需用浓 H_2SO_4 蒸发将它们除去。或者可采用 H_2O_2 和 HCl 分解试样:

$$Cu+2HCl+H_2O_2=CuCl_2+2H_2O$$

煮沸以除尽过量的 H_2O_2。

(二)铜含量的测定

1. Cu^{2+} 与过量 KI 的反应

在弱酸溶液中,Cu^{2+} 与过量的 KI 作用,生成 CuI 沉淀,同时析出 I_2,反应式如下:

$$2Cu^{2+}+4I^-=2CuI\downarrow+I_2$$

或

$$2Cu^{2+}+5I^-=2CuI\downarrow+I_3^-$$

Cu^{2+} 与 I^- 之间的反应是可逆的,任何引起 Cu^{2+} 浓度减小(如形成络合物等)或引起 CuI 溶解度增加的因素均使反应不完全。加入过量 KI,可使 Cu^{2+} 的还原趋于完全,但是 CuI 沉淀强烈吸附 I_2,又会使结果偏低。

通常的解决办法是临近终点时加入硫氰酸盐,将 $CuI(K_{sp}^{\ominus}=1.1\times10^{-12})$ 转化为溶解度更小的 CuSCN 沉淀($K_{sp}^{\ominus}=4.8\times10^{-15}$),把吸附的 I_2 释放出来,使反应趋于完全。SCN^- 只能在临近终点时加入,否则 SCN^- 通过消耗 Cu^{2+} 还原大量存在的 I_2,致使测定结果偏低。反应式如下:

$$CuI+SCN^-=CuSCN+I^-$$

$$6Cu^{2+}+4H_2O+7SCN^-=6CuSCN\downarrow+CN^-+SO_4^{2-}+8H^+$$

溶液的 pH 值一般应控制在 3.0~4.0 之间。酸度过低,Cu^{2+} 易水解,使反应不完全,结果偏低,而且反应速率慢,终点拖长;酸度过高,则 I^- 被空气中的 O_2 氧化为 I_2(Cu^{2+} 催化此反应),使结果偏高。

试样中有 Fe^{3+} 存在时,Fe^{3+} 能氧化 I^-,对测定有干扰,但可加入 NH_4HF_2 掩蔽,使 Fe^{3+} 生成稳定的 FeF_6^{3-},降低 Fe^{3+}/Fe^{2+} 电对的电势,使 Fe^{3+} 不能将 I^- 氧化为 I_2。以上方法也适

用于测定铜矿、炉渣、电镀液及胆矾等试样中的铜。

2．铜的测定

析出的 I_2 以淀粉为指示剂，用 $Na_2S_2O_3$ 标准溶液滴定：

$$I_2 + 2S_2O_3^{2-} = 2I^- + S_4O_6^{2-}$$

根据 $Na_2S_2O_3$ 标准溶液消耗的体积，间接求算铜合金中铜的含量。

三、实验仪器和试剂

本实验的主要仪器与试剂如表 1 所示。

表 1　主要仪器与试剂

仪器/试剂名称	规格/浓度
碱式滴定管	25 mL 或 50 mL
直口锥形瓶	200 mL 或 250 mL
$Na_2S_2O_3 \cdot 5H_2O$	固体
$K_2Cr_2O_7$ 标准溶液	0.1 mol/L
HCl 溶液（1∶1）	6.0 mol/L
KI 溶液	200 g/L
淀粉溶液	0.5%
H_2O_2 溶液	30%
HAc（1∶1）	与水体积比为 1∶1 的 HAc
氨水（1∶1）	与水体积比为 1∶1 的氨水
NH_4HF_2 溶液	20%
KSCN 溶液	10%
铜合金	若干

四、实验步骤及注意事项

(一)实验步骤

1．0.1 mol/L $Na_2S_2O_3$ 标准溶液的配制与标定

(1)$Na_2S_2O_3$ 标准溶液的配制

$Na_2S_2O_3$ 不是基准物质，不能用直接称量的方法配制标准溶液，配好的 $Na_2S_2O_3$ 溶液不稳定，容易分解，主要由以下三种作用引起：

细菌的作用：

$$Na_2S_2O_3 \xrightarrow{\text{细菌}} Na_2SO_3 + S$$

溶解在水中 CO_2 的作用：

$$S_2O_3^{2-}+CO_2+H_2O=HSO_3^-+HCO_3^-+S$$

空气的氧化作用：

$$S_2O_3^{2-}+\frac{1}{2}O_2=SO_4^{2-}+S$$

此外，水中微量的 Cu^{2+}、Fe^{3+} 也能促进 $Na_2S_2O_3$ 的分解。

称取一定量的 $Na_2S_2O_3 \cdot 5H_2O$ 试剂于烧杯中，用少量煮沸后(除去和杀死细菌)经冷却的蒸馏水溶解，加入 0.1 g Na_2CO_3 固体，使溶液呈碱性，抑制细菌生长，再用煮沸后经冷却的蒸馏水定容(根据所需配制的量)。配好的溶液存储在棕色试剂瓶中，5 d 后标定。

(2) $Na_2S_2O_3$ 溶液的标定

利用 $K_2Cr_2O_7$ 标准溶液对 $Na_2S_2O_3$ 溶液进行标定：准确移取 25.00 mL $K_2Cr_2O_7$ 标准溶液于锥形瓶中，加入 5 mL 6 mol/L HCl、5 mL 200 g/L KI，放置暗处 5 min，发生的化学反应如下：

$$Cr_2O_7^{2-}+6I^-+14H^+=2Cr^{3+}+3I_2+7H_2O$$
$$IO_3^-+5I^-+6H^+=3I_2+3H_2O$$

析出的 I_2 用 $Na_2S_2O_3$ 溶液滴定：

$$I_2+2S_2O_3^{2-}=2I^-+S_4O_6^{2-}$$

当用 $Na_2S_2O_3$ 溶液滴定至淡黄色时，加入 2 mL 5 g/L 淀粉指示剂，继续使用 $Na_2S_2O_3$ 溶液滴定至亮绿色，即为滴定终点。

2. 试样的处理

准确称取合金试样 0.10～0.15 g 于 250 mL 锥形瓶中，加 15 mL 6 mol/L HCl 和 2 mL 30% H_2O_2，加热至不再有气泡冒出，再煮沸 1～2 min(勿蒸干溶液)，冷却，加 60 mL 水得试样溶液。

3. 样品溶液的滴定

取 10 mL 上述试样溶液，滴加氨水(1:1)直到溶液刚有沉淀生成，向其中加入 8 mL HAc(1:1)、5 mL NH_4HF_2、10 mL 6 mol/L KI 溶液，使用 $Na_2S_2O_3$ 将样品滴至浅土黄色时，向其中加入 3 mL 0.5% 淀粉溶液，继续滴至溶液变为浅米色。此时加入 5 mL KSCN 溶液，溶液蓝色加深，继续使用 $Na_2S_2O_3$ 溶液滴定至蓝色褪去(终点)。

(二)注意事项

(1)溶解样品时，所加入的 H_2O_2 一定要赶尽(根据实践经验，开始冒小气泡，然后冒大气泡，表示 H_2O_2 已赶尽)，否则结果无法测准。这是很关键的一步操作。

(2)加淀粉溶液不能太早，因滴定反应中产生大量 CuI 沉淀，若淀粉与 I_2 过早形成蓝色络合物，大量 I_3^- 被 CuI 沉淀吸附，终点呈较深的灰色，不好观察。

(3)加入 NH_4SCN 不能过早，而且加入后要剧烈摇动，有利于沉淀转化和释放出吸附的 I_3^-。

(4)标定反应的条件：

$$K_2Cr_2O_7+6I^-+14H^+=2Cr^{3+}+3I_2+7H_2O$$

①溶液的酸度越大，反应速度越快，但酸度太大时，I^- 容易被空气中的 O_2 氧化，因此 pH

必须维持在 3.5～4.0 之间。

② $K_2Cr_2O_7$ 与 KI 作用时,应将溶液贮于碘瓶或锥形瓶中(盖好瓶塞)在暗处放置一定时间,待反应完全后,再进行滴定。

③所用的 KI 溶液不应含有 KIO_3 或 I_2,如果 KI 溶液显黄色,或将溶液酸化后加入淀粉指示剂显蓝色,则应事先用 $Na_2S_2O_3$ 溶液滴至无色后再使用。

④滴定至终点后,经 5 min 以上,溶液又出现蓝色,这是由于空气氧化 I^- 引起的,不影响分析结果;若滴定终点后,很快又转变为蓝色,表示反应未完全(指 $K_2Cr_2O_7$ 与 KI 的反应),应另取溶液重新标定。

五、数据记录与处理

计算铜合金中铜的质量分数。

六、创新思考

(1)$Na_2S_2O_3$ 溶液如何配制? 能否先将 $Na_2S_2O_3$ 溶于蒸馏水后再煮沸? 为什么?

(2)以 $K_2Cr_2O_7$ 溶液标定 $Na_2S_2O_3$ 溶液浓度时为何要加 KI? 为何要在暗处放置5 min? 滴定前为何要稀释? 淀粉溶液为何在接近滴定终点时加入?

(3)已知 $\varphi^{\ominus}(Cu^{2+}/Cu^+)=0.159$ V,$\varphi^{\ominus}(I_3^-/I^-)=0.545$ V,为什么本实验中的 Cu^{2+} 却能将 I^- 氧化成 I_2?

(4)某同学使用自备的铜丝进行铜含量测定,在进行样品溶液滴定时,无法获得本实验描述的现象,原因是什么?

实验七　海水中氯含量的测定

一、实验目的

(1)学习 $AgNO_3$ 标准溶液的配制和标定。
(2)掌握莫尔法进行沉淀滴定的原理和操作方法。

二、实验原理

(一)实验原理

海水中含有大量的 Cl^-，其中氯含量的测定常采用莫尔法。莫尔法是在中性或弱碱性溶液中，以 K_2CrO_4 为指示剂，以 $AgNO_3$ 标准溶液进行滴定。由于 $AgCl$ 沉淀的溶解度比 Ag_2CrO_4 小，因此，溶液中首先析出 $AgCl$ 沉淀。当 $AgCl$ 定量沉淀后，过量一滴 $AgNO_3$ 溶液即与 CrO_4^{2-} 反应生成 Ag_2CrO_4 沉淀，指示达到滴定终点。(注意酸度和指示剂用量的影响)

莫尔法滴定终点前后主要反应式如下：

终点前：$Ag^+ + Cl^- = AgCl\downarrow$（白色）　（$K_{sp}^{\ominus} = 1.8 \times 10^{-10}$）

终点时：$2Ag^+ + CrO_4^{2-} = Ag_2CrO_4\downarrow$（砖红色）　（$K_{sp}^{\ominus} = 2.0 \times 10^{-12}$）

计量点附近终点出现的早晚与溶液中$[CrO_4^{2-}]$有关：

$[CrO_4^{2-}]$过大→终点提前→结果偏低；

$[CrO_4^{2-}]$过小→终点推迟→结果偏高。

(二)指示剂用量与滴定条件

1. 指示剂用量（CrO_4^{2-} 浓度和体积）

实际滴定中，由于 K_2CrO_4 本身呈黄色，若按照$[CrO_4^{2-}]$等于 5.9×10^{-2} mol/L 加入，则黄色太深而影响终点观察。实际常采用较理想的浓度范围为 $2.6 \times 10^{-3} \sim 5.6 \times 10^{-3}$ mol/L（此时引起的滴定误差小于 $\pm 0.1\%$）；用量是每 $50 \sim 100$ mL 溶液中加入 5% K_2CrO_4 溶液约 1 mL。

2. 滴定条件

(1)溶液的酸度

溶液酸度通常应控制在 pH＝$6.5 \sim 10.0$（中性或弱碱性），若酸度高，则发生如下反应：

$$Ag_2CrO_4 + H^+ = 2Ag^+ + HCrO_4^-　（K_{a2}^{\ominus} = 3.2 \times 10^{-7}）$$

导致 Ag_2CrO_4 沉淀溶解，终点滞后。若碱性太强，则发生如下反应：

$$2Ag^+ + 2OH^- = 2AgOH\downarrow = Ag_2O\downarrow + H_2O$$

导致 Ag^+ 损失。通常使用硼酸或碳酸氢钠缓冲溶液，不能用氨性缓冲溶液，因生成银氨络离子干扰测定。当溶液中有少量 NH_3 存在时，则应 pH 控制在 $6.5 \sim 7.0$，否则易生成银氨络离子。

（2）沉淀的吸附现象

滴定过程生成的 AgCl 沉淀易吸附 Cl^- 使溶液中 $[Cl^-]$ 减少，终点提前，滴定时必须剧烈摇动。AgBr 沉淀吸附性更强，故莫尔法不适用于滴定 I^-、SCN^- 等被对应银盐沉淀强烈吸附的离子。

（3）干扰离子的影响

① 能与 Ag^+ 生成沉淀的阴离子（PO_4^{3-}、AsO_4^{3-}、SO_3^{2-}、S^{2-}、CO_3^{2-}、$C_2O_4^{2-}$）。

② 能与 $Cr_2O_7^{2-}$ 生成沉淀的阳离子（Pb^{2+}、Ba^{2+}）。

③ 在弱碱性条件下易水解的离子（Al^{3+}、Fe^{3+}、Bi^{3+}）。

④ 大量的有色离子（Co^{2+}、Cu^{2+}、Ni^{2+}）。

三、实验仪器和试剂

本实验的主要仪器与试剂如表 1 所示。

表 1　主要仪器与试剂

仪器/试剂名称	规格/制备条件
酸式滴定管	25 mL 或 50 mL
直口锥形瓶	200 mL 或 250 mL
$AgNO_3$ 溶液	配制 0.1 mol/L 的溶液，避光保存
NaCl 基准试剂	若干
K_2CrO_4 溶液（50 g/L）	配制 50 g/L 溶液，待用
粗盐	若干

四、实验步骤及注意事项

(一) 实验步骤

1. 0.1 mol/L $AgNO_3$ 溶液的配制

称取 8.5 g $AgNO_3$，用少量不含 Cl^- 的蒸馏水溶解后，转入棕色试剂瓶中，稀释至 500 mL 中，摇匀，将溶液置暗处保存，以防止光照分解。

2. $AgNO_3$ 溶液的标定

用差减法准确称取 3.005 6 g NaCl 基准物于小烧杯中，用蒸馏水溶解后，定量转入 1 000 mL 容量瓶中，稀释至刻度，摇匀，计算 NaCl 标准溶液的准确浓度：

$$c(NaCl) = \frac{m_{NaCl}}{M_{NaCl} \times V}$$

式中，m_{NaCl}——NaCl 的质量，g；

$\quad M_{NaCl}$——NaCl 的相对分子质量，g/mol；

V——定容后溶液的体积,L。

用移液管移取 25.00 mL NaCl 标准溶液于 250 mL 锥形瓶中,加入 25 mL 水,加 1.0 mL 5％ K_2CrO_4 溶液,在不断摇动条件下,用 $AgNO_3$ 溶液滴定至呈现砖红色即为终点,计算 $AgNO_3$ 溶液的浓度。

3. 海水中 NaCl 含量的测定

称取粗盐试样约 4.00 g 于 250 mL 烧杯中,加水溶解后定量转入 1 L 容量瓶中,用水稀释至刻度,配制成模拟海水。移取 25.00 mL 试液于 250 mL 锥形瓶中,加 25 mL 水,加 1.0 mL 5％ K_2CrO_4 溶液,用 $AgNO_3$ 标准溶液滴定至溶液出现砖红色即为终点。计算海水中氯的含量。

(二)注意事项

(1)实验完毕后,将装 $AgNO_3$ 溶液的滴定管先用蒸馏水冲洗 2~3 次后,再用自来水洗净,以免 AgCl 残留于管内。含银废液予以回收。

(2)$AgNO_3$ 需保存在棕色瓶中,切忌皮肤接触溶液。

(3)指示剂用量对测定有影响,必须定量加入,一般以 5×10^{-3} mol/L 为宜。

(4)沉淀滴定中,为减少沉淀对被测离子的吸附,一般滴定的体积以大些为好,故需加水稀释试液。

五、数据记录与处理

(1)计算 $AgNO_3$ 溶液的浓度。

(2)计算海水中氯的含量。

六、创新思考

(1)配制好的 $AgNO_3$ 溶液要贮于棕色瓶中,并置于暗处,为什么?

(2)$AgNO_3$ 标准溶液应装在酸式滴定管还是碱式滴定管中?为什么?

(3)能否用莫尔法以 NaCl 标准溶液直接滴定 Ag^+?为什么?

实验八 分光光度法测定微量 Fe^{3+} 的浓度

一、实验目的

(1)掌握用分光光度法测定 Fe^{3+} 的基本原理和方法;
(2)学会分光光度计的使用方法,并了解其基本结构。

二、实验原理

(一)分光光度法

1. 概念

光的本质是一种电磁波,具有不同的波长,可见光的波长范围为 $400\sim760$ nm。波长范围 $200\sim400$ nm 的光线称为紫外光。有色物质可以选择性地吸收一部分可见光的光能量而呈现不同颜色,某些物质却能特征性地选择吸收紫外光的能量。

物质吸收由光源发出的某些波长的光可形成特定的吸收光谱。由于物质的吸收光谱与物质的分子结构有关,而且在一定的条件下其吸收程度与该物质的浓度成正比,所以可利用物质的特定吸收光谱对其进行定性和定量的分析。分光光度法就是利用各种物质所具有的这种吸收特征所建立起来的分析方法。

2. 吸收光谱和物质的定性分析

用各种不同波长的光线作为入射光测定物质的吸光度,然后再以波长(λ)为横轴,相应的吸光度(A)为纵轴,按结果作图,可得到该物质的吸收光谱曲线。在一定的温度、pH 值等条件下吸收光谱的曲线形状是一定的。在吸收光谱中,往往可找到一个或者几个吸收最大值,该处的波长称为最大吸收波长(λ_{max})。不同物质的最大吸收波长往往不同。因此,在一定条件下,我们可以通过某种物质的吸收光谱曲线对其进行定性。

(二)朗伯-比尔定律

一束平行光照射至溶液时,一部分光被吸收,一部分光可透过该溶液,不同物质对光的吸收程度是不同的。物质对单色光吸收的强弱以及溶液浓度与液层厚度的关系,服从物质对光吸收的定量定律,即朗伯-比尔定律,其表达式为:

$$A = Kcl \text{ 或 } A = -\lg T = -\lg \frac{I}{I_0} = \lg \frac{1}{T} = Kcl$$

式中,A 为吸光度;T 为透光度,即 I/I_0;A 和 T 是负对数的关系;c 为溶液浓度;l 为液层厚度;吸收系数 K 实际上是物质在单位浓度和单位厚度下对入射光的吸光度,在一定波长下,K 越大,表示物质对光的吸收越强。

朗伯-比尔定律的含义为:一束单色光通过溶液后,光被吸收的程度与溶液的浓度和厚度成正比。如果实验中的厚度不变,则 $A = Kc$。

(三)标准曲线法

如果被测物质没有颜色或颜色太浅,则可以加入合适的显色剂生成一种有色配合物。

配制一系列已知不同浓度的测定物溶液,按一定方法显色后,用分光光度计分别测得吸光度。以吸光度为纵坐标、浓度为横坐标,绘制 A-c 曲线,即标准曲线(图1)。在相同条件下,测定被测溶液的吸光度,从标准曲线上可找出相应的浓度。标准曲线制作,与测定管的测定应在同一仪器上进行。

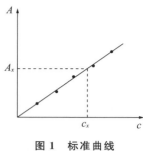

图1　标准曲线

(四)721 可见分光光度计

分光光度计类型较多,但基本结构和原理相似,可用图2表示。

图2　分光光度计原理示意图

仪器中光源经过单色器中的单色原件(如棱镜),所得到的单色光(入射光)进入样品室,透出的光被受光器(光电池或光电管)接收产生光电流,放大后在测量仪上显示出吸光度(A)或透光度(T)。

注意: 仪器的光电管或光电池对不同波长的光敏感度不一样,在制作吸收曲线时应注意每换一次波长,都应将空白溶液的吸光度调整到0。

1. 使用步骤

(1)通电—仪器自检—预热 20 min。

(2)用"MODE"键设置测试模式为透射比(T)。

(3)波长选择:用波长调节旋钮设置所需的波长。

(4)调零:在 T 方式下按"0％"键,此时仪器自动校正后显示"0.000"。

(5)调满:在比色皿槽中,依次放入参比液、样品液1和样品液2等,盖上样品室盖(注意透光截面垂直于光路方向)。将参比液拉入光路中,按"100％T"键调节 T 为100％,此时仪器显示"BLA",表示仪器正在自动校正,校正完毕后显示"100.0"。

(6)样品测定:将 MODE 转换为"ABSORBANCE",显色屏读数为0.000,然后将样品液分别拉入光路中,此时显示测得的样品吸光度。

2. 使用注意事项

(1)比色皿的清洁程度直接影响实验结果。因此,特别要将比色皿清洗干净。装样前处理:自来水反复冲洗→蒸馏水漂洗2次→待装溶液漂洗2次。必要时,需用浓 HNO_3 或铬酸洗液短时间浸泡。用完后用自来水和蒸馏水洗净,并用擦镜纸擦干放回比色皿盒中。

(2)拿放比色皿时应持其毛面,不要接触光面。

(3)若比色皿外表面有液体,应用擦镜纸朝同一方向拭干,以保证吸光度测量不受影响。

(4)比色皿内盛液应为其容量的 2/3,过少会影响实验结果,过多易在测量过程中外溢,污染仪器。

(5)比色皿的光面要与光源在一条线上。

(五)分光光度法测 Fe^{3+} 的原理

邻二氮菲是测定微量铁的一种较好试剂。在 pH 为 2～9 的溶液中,试剂与 Fe^{2+} 生成稳定的橙红色螯合物,当铁为三价状态时,可先用盐酸羟胺($NH_2OH \cdot HCl$)还原:

$$2Fe^{3+} + 2NH_2OH \cdot HCl = 2Fe^{2+} + N_2 \uparrow + 4H^+ + 2H_2O + 2Cl^-$$

然后与邻二氮菲螯合。加入醋酸钠(NaAc)溶液,使溶液的 pH 维持在 4～5(部分 NaAc 与溶液中的 HCl 作用生成 HAc,HAc 与剩余的 NaAc 一起组成缓冲溶液),从而保证配合物的稳定。

该法具有灵敏度高、选择性高、稳定性好、干扰易消除等优点。

三、实验仪器和试剂

(一)仪器

比色管(50 mL),分光光度计,移液管(10 mL、5 mL、2 mL、1 mL),洗耳球,烧杯,比色皿。

(二)药品

Fe^{3+} 标准溶液(100 mg/L),邻二氮菲(0.15%),盐酸羟胺(10%),NaAc(1 mol/L),未知浓度的 Fe^{3+} 溶液。

四、实验步骤及注意事项

(一)标准溶液系列和待测溶液的配制

用移液管分别移取一系列 Fe^{3+} 的标准溶液(0、2 mL、4 mL、6 mL、8 mL、10 mL),移取 1 mL Fe^{3+} 的未知溶液,再加入 1 mL 10%盐酸羟胺、2 mL 0.15%邻二氮菲于干燥的 50mL 比色管内,摇匀,放置 3～5 min 后,再加入 5 mL 1 mol/L NaAc 溶液,并用蒸馏水稀释至 50 mL 刻度,摇匀。

(二)邻二氮菲铁配离子吸收曲线的测定

选用取 10 mL 稀释的铁标准溶液,按表 1 所列波长(λ)分别测定邻二氮菲铁配离子的吸收光度(A)(每次测定前用空白溶液作对照来校正仪器至 $T = 100\%$,$A = 0$)。以 A 为纵坐标,λ 为横坐标作图,求得 λ_{max}。

表 1　吸收曲线的测定

λ/nm	460	470	480	490	500	502	504	506
A								
λ/nm	508	510	512	514	516	518	530	540
A								

(三) Fe^{3+} 浓度的测定

1. 标准曲线的绘制

把波长调节至 λ_{max}，分别测定一系列不同浓度的 Fe^{3+} 标准溶液的吸光度 A。以 A 为纵坐标，Fe^{3+} 标准溶液的浓度 c 为横坐标作图，得标准曲线。

表2　Fe^{3+} 浓度标准曲线数据

序号	空白	1	2	3	4	5	未知溶液
Fe^{3+} 标准溶液体积/mL	0.00	2.00	4.00	6.00	8.00	10.00	1.00
浓度/(mol/L)							
吸光度/A							

2. 待测溶液中 Fe^{3+} 浓度的测定

在分光光度计上测出未知溶液的吸光度 A，从标准曲线上查出相应的待测溶液吸光度对应的浓度，计算未知溶液中 Fe^{3+} 浓度。

五、创新思考

(1)在吸光度的测量中，为了减少误差，应控制吸光度在什么范围内？

(2)为什么要选用 λ_{max} 处测定吸光度？

实验九　分光光度法测定化学反应的平衡常数

一、实验目的

(1)了解用比色法测定化学反应平衡常数的原理和方法。

(2)学习分光光度计的使用方法。

二、实验原理

对于一些能生成有色离子的反应,通常可利用比色法测定离子的平衡浓度,从而求得反应的平衡常数。光的吸收示意如图1所示。

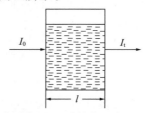

I_0—入射光强度；I_t—透射光强度；l—液层厚度

图 1　光的吸收示意图

朗伯-比尔定律的数学表达式为:

$$A = Kcl \qquad (1)$$

式中,A——吸光度；

$\quad K$——比例常数,称为吸光系数(在指定的条件下 K 不变),它与入射光的波长以及溶液的性质、温度有关；

$\quad c$——有色物质的浓度；

$\quad l$——液层厚度。

分光光度法不同于目测比色法。首先它不是利用自然光作为入射光,而采用单色光进行比色分析；其次它是在指定条件下,让光线通过置于厚度同为 l 的比色皿中之溶液。此时式(1)就可简化为:

$$\frac{A'}{A} = \frac{c'}{c} \qquad (2)$$

这样利用已知标准溶液的浓度 c',再由分光光度计分别测出标准溶液的吸光度 A' 和待测溶液的吸光度 A,就可从式(2)求得待测溶液中有色物质的浓度 c 值。本实验测定的是反应

$$\underset{\text{(无色)}}{Fe^{3+}(aq)} + \underset{\text{(无色)}}{HSCN(aq)} \Longrightarrow \underset{\text{(血红色)}}{[Fe(SCN)]^{2+}(aq)} + H^+(aq)$$

的平衡常数

$$K = \frac{[c^{eq}([Fe(SCN)]^{2+})/c^{\ominus}][c^{eq}(H^+)/c^{\ominus}]}{[c^{eq}(Fe^{3+})/c^{\ominus}][c^{eq}(HSCN)/c^{\ominus}]} \qquad (3)$$

为了抑制 Fe^{3+} 水解产生棕色的 $[Fe(OH)]^{2+}$(它会干扰比色测定),反应系统中应控制较大

的酸度,如 $c(H^+)=0.50$ mol/L。而在此条件下,系统中所用反应试剂(配合剂)SCN^- 基本以 HSCN 形式存在。

待测溶液中 $[Fe(SCN)]^{2+}$ 的平衡浓度 $c^{eq}([Fe(SCN)]^{2+})$ 可通过与标准 $[Fe(SCN)]^{2+}$ 溶液[①]比色而测得。Fe^{3+}、HSCN 以及 H^+ 的平衡浓度 c^{eq} 与其对应的起始浓度 c_0 的关系分别为:

$$c^{eq}(Fe^{3+})=c_0(Fe^{3+})-c^{eq}([Fe(SCN)]^{2+}) \tag{4}$$

$$c^{eq}(HSCN)=c_0(HSCN)-c^{eq}([Fe(SCN)]^{2+})^{②} \tag{5}$$

$$c^{eq}(H^+)\approx c_0(H^+)$$

将各物质的平衡浓度代入式(3)即可求得 K 值。

三、实验仪器和试剂

(一)常用仪器

比色管(干燥,10 mL,5 支),滴管,移液管(1 mL,1 支;5 mL,3 支),洗瓶,滤纸片或吸水纸,温度计(公用),分光光度计,比色管架。

(二)试剂

硝酸铁 $Fe(NO_3)_3$(0.002 00 mol/L、0.200 mol/L),KSCN(0.002 00 mol/L)。

注:将硝酸铁 $Fe(NO_3)_3 \cdot 9H_2O$ 溶于 1.0 mol/L HNO_3 中配成,HNO_3 的浓度应尽量准确,以免影响 H^+ 的浓度。

四、实验步骤及注意事项

(一)溶液的配制

1. KSCN 溶液(0.002 00 mol/L)的配制

用分析天平准确称取 KSCN 0.019 4 g 溶于煮沸并冷却的蒸馏水中,置于 100 mL 容量

---

① 实验中标准 $[Fe(SCN)]^{2+}$ 溶液的配制是基于:当 $c_0(Fe^{3+}) \gg c_0(HSCN)$ 时,例如,$c_0(Fe^{3+})=0.100$ mol/L,$c_0(HSCN)=0.000\ 200$ mol/L,可认为 HSCN 几乎全部转化为 $[Fe(SCN)]^{2+}$,即标准 $[Fe(SCN)]^{2+}$ 溶液的浓度等于 HSCN(或 KSCN)的起始浓度。

② 若考虑下列平衡

$$HSCN(aq) \Longrightarrow H^+(aq)+SCN^-(aq), K_{HSCN}=0.141(298\ K)$$

$$K_{HSCN}=\frac{[c^{eq}(H^+)/c^{\ominus}][c^{eq}(SCN^-)/c^{\ominus}]}{c^{eq}(HSCN)/c^{\ominus}}$$

则式(5)应为

$$c^{eq}(HSCN)+c^{eq}(SCN^-)=c_0(HSCN)-c^{eq}([Fe(SCN)]^{2+})$$

$$c^{eq}(HSCN)+K_{HSCN}\times\frac{c^{eq}(HSCN)}{c^{eq}(H^+)/c^{\ominus}}=c_0(HSCN)-c^{eq}([Fe(SCN)]^{2+})$$

$$c^{eq}(HSCN)=[c_0(HSCN)-c^{eq}([Fe(SCN)]^{2+})]/\left[1+\frac{K_{HSCN}}{c^{eq}(H^+)/c^{\ominus}}\right]$$

设上式中 $c^{eq}(H^+)=0.50$ mol/L,又 $K_{HSCN}=0.141$,则上式变为

$$c^{eq}(HSCN)=[c_0(HSCN)-c^{eq}([Fe(SCN)]^{2+})]/\left(1+\frac{0.141}{0.50}\right)$$

$$=0.78[c_0(HSCN)-c^{eq}([Fe(SCN)]^{2+})]$$

瓶中,稀释至刻度。

2. 标准[Fe(SCN)]²⁺溶液的配制

用移液管分别量取 2.00 mL 0.200 mol/L Fe(NO₃)₃ 溶液、0.40 mL 0.002 00 mol/L KSCN 溶液,注入 10 mL 比色管中,用蒸馏水定容到 10 mL,轻轻摇荡,使溶液混合均匀。

3. 待测溶液的配制

往 4 支干燥的比色管中,分别按表 1 的编号所示配方比例,混合待测溶液,具体配制方法如上述标准[Fe(SCN)]²⁺溶液的配制。

表 1　待测溶液的配制

编号	体积 V/L		
	0.002 00 mol/L Fe(NO₃)₃ 溶液	0.020 0 mol/L KSCN 溶液	蒸馏水
Ⅰ	5.00	5.00	0.00
Ⅱ	5.00	4.00	1.00
Ⅲ	5.00	3.00	2.00
Ⅳ	5.00	2.00	3.00

(二)吸收曲线的绘制

测定标准[Fe(SCN)]²⁺溶液在 420～760 nm 范围内的最大吸收波长(每隔 10 nm 测定一次吸光度,得到最大吸光度对应的波长)。

(三)平衡常数的测定

(1)在最大吸收波长下分别测定空白和混合待测溶液的吸光度,并将其数据填入表 2。

(2)计算化学平衡常数 K。

表 2　分光光度比色法实验数据

实验编号		Ⅰ	Ⅱ	Ⅲ	Ⅳ	标准
吸光度 A(比色皿厚度 1 cm)						
起始浓度 c_0/(mol/L)	Fe³⁺ 溶液					
	SCN⁻ 溶液					
平衡浓度 c^{eq}/(mol/L)	H⁺ 溶液					
	[Fe(SCN)]²⁺ 溶液					
	Fe³⁺ 溶液					
	HSCN 溶液					
平衡常数 K						
实验室室温 $T=$　　℃;K 的平均值=						

五、创新思考

(1)本实验中所用的 Fe(NO₃)₃ 溶液为何要用 HNO₃ 制备？HNO₃ 浓度对平衡常数的测定有何影响？

(2)使用分光光度计与比色皿有哪些注意事项？

实验十 化学反应速率实验

一、实验目的

（1）了解浓度、温度以及催化剂对化学反应速率的影响。

（2）掌握过二硫酸铵$[(NH_4)_2S_2O_8]$与碘化钾(KI)反应的反应速率测定的原理和方法，计算反应速率。

二、实验原理

水溶液中$(NH_4)_2S_2O_8$和KI发生如下反应：

$$S_2O_8^{2-} + 3I^- = 2SO_4^{2-} + I_3^- \tag{1}$$

其反应的微分速率方程可表示为：

$$v = kc_{S_2O_8^{2-}}^m c_{I^-}^n$$

平均速率 $\bar{v} = \dfrac{-\Delta c_{S_2O_8^{2-}}}{\Delta t}$。

为了能够测出反应在 Δt 时间内 $S_2O_8^{2-}$ 浓度的改变值，需要在混合$(NH_4)_2S_2O_8$和KI溶液的同时，加入一定体积已知浓度的 $Na_2S_2O_3$ 溶液和淀粉溶液，这样反应（1）进行的同时还进行下面的反应：

$$I_3^- + 2S_2O_3^{2-} = 3I^- + S_4O_6^{2-} \tag{2}$$

从反应式（1）和（2）可以看出，$S_2O_8^{2-}$ 减少的量为 $S_2O_3^{2-}$ 减少量的一半，所以 $S_2O_8^{2-}$ 在时间 Δt 内减少的量可以从下式求得。

$$\Delta c_{S_2O_8^{2-}} = \dfrac{c_{S_2O_3^{2-}}}{2}$$

实验中，通过改变反应物 $S_2O_8^{2-}$ 和 I^- 的初始浓度，测定消耗等物质的量 $S_2O_8^{2-}$ 所需要的不同时间间隔(Δt)，计算得到反应物不同初始浓度的初速率，进而确定该反应的微分速率方程。

三、实验仪器和试剂

（一）实验仪器

10 mL 量筒、5 mL 注射器、50 mL 烧杯、恒温水浴锅、秒表、滴管、玻璃棒。

（二）实验试剂

0.20 mol/L $(NH_4)_2S_2O_8$、0.20 mol/L KI、0.010 mol/L $Na_2S_2O_3$、0.20 mol/L KNO_3、0.20 mol/L $(NH_4)_2SO_4$、0.20 mol/L $Cu(NO_3)_2$、0.2％淀粉溶液。

四、实验步骤及注意事项

(一)浓度对化学反应速率的影响

根据表 1 中的试剂用量分别将试剂迅速倒入 50 mL 烧杯中,同时用秒表计时,当溶液开始变色时记下反应时间,根据公式 $v=c(Na_2S_2O_3)/(2\Delta t)$ 计算反应速率 v,数据记录及处理见表 1。

表 1 试剂用量配制

实验编号		I	II	III	IV	V
试剂用量/mL	0.20 mol/L (NH₄)₂S₂O₈	10.0	5.0	2.5	10.0	10.0
	0.20 mol/L KI	10.0	10.0	10.0	5.0	2.5
	0.010 mol/L Na₂S₂O₃	4.0	4.0	4.0	4.0	4.0
	0.2% 淀粉溶液	2.0	2.0	2.0	2.0	2.0
	0.20 mol/L KNO₃	0.0	0.0	0.0	5.0	7.5
	0.20 mol/L (NH₄)₂SO₄	0.0	5.0	7.5	0.0	0.0

表 2 数据记录及处理

实验编号		I	II	III	IV	V
反应物的起始浓度/(mol/L)	(NH₄)₂S₂O₈					
	KI					
	Na₂S₂O₃					
$\Delta t/s$						
$\Delta c_{S_2O_8^{2-}}$						
v						

根据数据处理结果我们可知:

(1)当 $(NH_4)_2S_2O_8$ 和 KI 的初始浓度最大时,反应的时间最短,反应速率最大;

(2)$(NH_4)_2S_2O_8$ 的初始浓度与反应的时间成反比,与反应速率成正比;

(3)KI 的初始浓度与反应的时间成反比,与反应速率成正比。

根据以上规律我们得出结论:反应物的浓度对化学反应速率有影响,反应物的初始浓度越高,反应的时间越短,化学反应速率越快。

(二)温度对化学反应速率的影响

根据表 1 中第 IV 组的试剂用量分别进行 3 组实验,3 组实验分别在温度比室温高 10 ℃、15 ℃、20 ℃ 的条件下进行。将反应物先在恒温水浴锅中加热至所需温度,再进行反应,当溶液开始变色时记下反应的时间,根据公式 $v = c(Na_2S_2O_3)/(2\Delta t)$ 计算反应速率 v,数据记录及处理见表3。

表3　温度对反应速率的影响

实验编号	Ⅵ	Ⅶ	Ⅷ
反应温度 $T/℃$			
$c(Na_2S_2O_3)/(mol/L)$			
反应时间 $\Delta t/s$			
反应速率 v			

根据数据处理的结果我们可知,在反应初始浓度不变的情况下,随着温度升高,反应时间缩短,反应速率加快。

由此我们得出结论:温度越高,反应速率越快。

(三)催化剂对化学反应速率的影响

根据表1中第Ⅳ组的试剂用量进行1组实验,在反应的开始,滴加2滴 0.20 mol/L $Cu(NO_3)_2$ 溶液,记录反应时间,并且跟第Ⅳ组的数据做对比。根据公式 $v = c(Na_2S_2O_3)/2\Delta t$ 计算反应速率 v,数据记录及处理见表4。

表4　催化剂对化学反应速率的影响

实验编号	Ⅳ	Ⅸ
加入 0.20 mol/L $Cu(NO_3)_2$ 滴数		
$c(Na_2S_2O_3)/(mol/L)$		
反应时间 $\Delta t/s$		
反应速率 v		

五、实验数据分析

将两组实验数据对比可知:在反应物初始浓度不变的情况下,加入催化物使反应的时间大幅缩短,反应速率提高了数十倍。根据有关的理论知识可知,催化剂可以降低反应的活化能,使反应物迅速达到反应进行所需的能量,从而促进反应进行。

由以上结果可以得出结论:催化剂可以提高反应速率。

六、创新思考

(1)反应液中为什么加入 KNO_3、$(NH_4)_2SO_4$?

（2）取$(NH_4)_2S_2O_8$试剂量筒没有专用，对实验有何影响？

（3）$(NH_4)_2S_2O_8$缓慢加入KI等混合溶液中，对实验有何影响？

（4）催化剂$Cu(NO_3)_2$为何能够提高该化学反应的速率？

参考文献

[1] 张博,李志海,潘俊星.化学反应诱导的聚合物/纳米粒子复合体系的自组装[J].山西师范大学学报(自然科学版),2020,34(4):19-22.

[2] 徐守兵.基于DIS进行"化学反应速率测定"多角度定量实验研究[J].化学教与学,2020(9):68-72.

实验十一　水样中溶解氧的测定

一、实验目的

(1)学会水中溶解氧的固定方法。

(2)掌握碘量法测定水中溶解氧的原理和方法。

二、实验原理

溶解于水中的氧称为溶解氧,用 DO(dissolved oxygen)表示,单位为 mg/L。水中溶解氧的含量与大气压力、空气中氧的分压及水的温度有密切的关系,与水中的含盐量也有一定的关系。一般大气压力减小,温度升高,水中含盐量增加,都会使水中溶解氧减少,其中温度影响尤为显著。

氧是大气组成的主要成分之一,地面水敞露于空气中,因而清洁的地面水中所含的溶解氧常接近于饱和状态。在水中有大量藻类繁殖时,由于植物的光合作用而放出氧,有时甚至可以含有饱和的溶解氧。如果水体被易于氧化的有机物污染,那么,水中所含溶解氧就会减少。当氧化作用进行得太快,而水体又不能从空气中吸收氧气来补充氧的消耗,溶解氧不断减少,有时甚至会接近于零。在这种情况下,厌氧细菌繁殖并活跃起来,有机物发生腐败作用,水体产生臭味。因此,溶解氧的测定对于了解水体的自净作用有极其重要的作用。在流动的河水中,取不同地段的水样来测定溶解氧,有助于了解该水体在不同地点所进行的自净作用情况。正常情况下,地表水的溶解氧为 5～10 mg/L。

水中溶解氧的测定一般用碘量法。在水中加入 $MnSO_4$ 和 NaOH,水中的 O_2 将 Mn^{2+} 氧化成水合氧化锰[$MnO(OH)_2$]棕色沉淀,将水中全部溶解氧固定起来;在酸性条件下,$MnO(OH)_2$ 与 KI 作用,释放出等化学计量的 I_2;然后,以淀粉为指示剂,用 $Na_2S_2O_3$ 标准溶液滴定至蓝色消失,指示终点达到。根据 $Na_2S_2O_3$ 标准溶液的消耗量,计算水中溶解氧的含量。其主要反应如下:

$$Mn^{2+}+2OH^-=Mn(OH)_2\downarrow(白色沉淀)$$

$$Mn(OH)_2+\frac{1}{2}O_2=MnO(OH)_2\downarrow(棕色沉淀)$$

$$MnO(OH)_2+2I^-+4H^+=Mn^{2+}+I_2+3H_2O$$

$$I_2+2S_2O_3^{2-}=2I^-+S_4O_6^{2-}$$

三、实验仪器和试剂

(一)仪器

溶解氧瓶(250 mL)、锥形瓶(250 mL)、酸式滴定管(25 mL)、移液管。

(二)试剂

(1)浓 H_2SO_4。

(2)$MnSO_4$ 溶液:称取 480 g $MnSO_4 \cdot 4H_2O$ 或 400 g $MnSO_4 \cdot 2H_2O$ 溶于水中,过滤并稀释至 1 000 mL。此溶液加至酸化过的 KI 溶液中,遇淀粉不得变蓝色。

(3)碱性 KI 溶液:称取 500 g NaOH 溶于 300~400 mL 去离子水中,另称取 150 g KI 溶于 200 mL 水中,待 NaOH 溶液冷却后,将两溶液合并混匀,用水稀释至 1 000 mL。如有沉淀,静置 24 h,倒出上层澄清液,贮于棕色瓶中。用橡皮塞塞紧,避光保存。此溶液酸化后,遇淀粉不得变蓝色。

(4)1%淀粉溶液:称取 1.0 g 可溶性淀粉,用少量水调成糊状,用刚煮沸的水冲稀至 100 mL。冷却后,加入 0.1 g 水杨酸或 0.4 g $ZnCl_2$ 防腐。

(5)$K_2Cr_2O_7$ 标准溶液[$c(1/6\ K_2Cr_2O_7)=0.025\ 0$ mol/L]:称取 1.225 8 g $K_2Cr_2O_7$(预先在 120 ℃下烘干 2 h,并在干燥器中冷却后称重),溶于水中,转移至 1 000 mL 容量瓶中,用水稀释至刻线,摇匀。

(6)$Na_2S_2O_3$ 溶液:称取 6.25 g 硫代硫酸钠($Na_2S_2O_3 \cdot 5H_2O$)溶于 1 000 mL 煮沸放凉的水中,加入 0.2 g Na_2CO_3。贮于棕色瓶中,在暗处放置 7~14 d 后标定。

标定:于 250 mL 碘量瓶中,加入 50 mL 水和 1 g KI,用移液管吸取 10.00 mL 0.025 0 mol/L $K_2Cr_2O_7$ 标准溶液、5 mL H_2SO_4 溶液(1+5),密塞、摇匀。置于暗处 5 min,取出后用待标定的 $Na_2S_2O_3$ 溶液滴定至由棕色变为淡黄色时,加入 1 mL 1%淀粉溶液,继续滴定至蓝色刚好褪去为止,记录用量 V。计算 $Na_2S_2O_3$ 标准溶液的浓度:

$$c=\frac{10.00\times0.025}{V}$$

式中,c——$Na_2S_2O_3$ 标准溶液的浓度,mol/L;

V——滴定时消耗 $Na_2S_2O_3$ 的体积,mL。

四、实验步骤及注意事项

(一)水样的采集与固定

(1)用溶解氧瓶取水面下 20~50 cm 的河水、池塘水、湖水或海水,使水样充满 250 mL 的磨口瓶,用尖嘴塞慢慢盖上,不留气泡。

(2)在河岸边取下瓶盖,用移液管吸取 $MnSO_4$ 溶液 1 mL,插入瓶内液面下,缓慢放出溶液于溶解氧瓶中。切勿将移液管中的空气注入瓶内。

(3)取另一只移液管,按上述操作往水样中加入 2 mL 碱性 KI 溶液,盖紧瓶塞,将瓶颠倒混合 3 次,静置。此时,水样中的氧被固定生成锰酸锰($MnMnO_3$)棕色沉淀。将固定了溶解氧的水样带回实验室备用。

(二)酸化

轻轻打开瓶盖,立即用移液管插入液面下加入 2 mL H_2SO_4(1+5),盖上瓶塞,颠倒混合摇匀,直至沉淀物完全溶解为止(若没全溶解还可再加少量的浓酸)。此时,溶液中有 I_2 产生,将瓶在阴暗处放 5 min,使 I_2 全部析出来。

(三)用 $Na_2S_2O_3$ 标准溶液滴定

用移液管从瓶中取 25 mL 水样于锥形瓶中,用 $Na_2S_2O_3$ 标准溶液滴定至浅黄色。向锥形瓶中加入淀粉溶液 1 mL,继续用 $Na_2S_2O_3$ 标准溶液滴定至蓝色变成无色为止,即为终点。记下消耗 $Na_2S_2O_3$ 标准溶液的体积。按上述方法平行测定 3 次。

(四)计算

$$溶解氧含量(mg/L) = \frac{c_{Na_2S_2O_3} V_{Na_2S_2O_3} \times 8 \times 1\,000}{V_水}$$

式中,$c_{Na_2S_2O_3}$——$Na_2S_2O_3$ 标准溶液的浓度,mol/L;

$\quad V_{Na_2S_2O_3}$——消耗的 $Na_2S_2O_3$ 体积,mL;

$\quad 8$——O 的摩尔质量($\frac{1}{2}$O),g/mol;

$\quad V_水$——水样的体积,mL。

五、数据记录与处理

表 1 溶解氧测定结果记录

	水样编号	1	2	3
滴定	滴定管初始读数/mL			
	滴定管最终读数/mL			
$Na_2S_2O_3$ 标准溶液用量/mL				
溶解氧含量/(mg/L)				
溶解氧含量平均值/(mg/L)				
相对平均偏差/%				

实验十二 高锰酸钾法测定 H_2O_2 溶液中 H_2O_2 的质量浓度

一、实验目的

(1)掌握 $KMnO_4$ 标准溶液的配制和标定方法。

(2)熟悉 $KMnO_4$ 与 $Na_2C_2O_4$ 的反应条件,正确判断滴定终点。

(3)掌握高锰酸钾法测定 H_2O_2 溶液中 H_2O_2 的含量的原理和方法。

二、实验原理

高锰酸钾法是利用 $KMnO_4$ 标准溶液测定还原性物质的滴定分析法。$KMnO_4$ 在酸性、中性及碱性溶液中都能与还原剂发生氧化还原反应,但在弱酸性、中性或碱性溶液中的氧化能力不如在酸性溶液中强,酸性太弱时,还原产物是褐色的 MnO_2 沉淀,影响滴定终点的判断。因此,高锰酸钾法通常在强酸性溶液中进行。其反应如下:

$$2MnO_4^- + 8H^+ + 5e^- = Mn^{2+} + 4H_2O$$

反应时溶液必须有足够的酸度,所用酸以 H_2SO_4 为宜。

市售的 $KMnO_4$ 常含有少量杂质,如硫酸盐、氯化物、硝酸盐及 MnO_2 等,因此不能用精确称量的 $KMnO_4$ 来直接配制准确浓度的溶液。$KMnO_4$ 氧化力强,还易和水中的有机物、空气中的尘埃及氨等还原性物质作用。

$KMnO_4$ 能自行分解,分解速度随溶液的 pH 值改变。在中性溶液中,分解很慢,但 Mn^{2+} 和 MnO_2 能加速 $KMnO_4$ 的分解,见光则分解得更快。由此可见,$KMnO_4$ 溶液的浓度容易改变,必须正确地配制和保存。正确配制和保存的 $KMnO_4$ 溶液应呈中性,不含 MnO_2,这样,浓度就比较稳定。因此 $KMnO_4$ 溶液不能用直接法配制,必须先配成近似浓度的溶液,然后标定。

标定 $KMnO_4$ 溶液的一级标准物质有 As_2O_3、$H_2C_2O_4 \cdot H_2O$ 和 $Na_2C_2O_4$ 等,其中以 $Na_2C_2O_4$ 最为常用。$Na_2C_2O_4$ 易纯制,不易吸湿,性质稳定。在酸性条件下,用 $Na_2C_2O_4$ 标定 $KMnO_4$ 的反应为:

$$2MnO_4^- + 5C_2O_4^{2-} + 16H^+ = 2Mn^{2+} + 10CO_2\uparrow + 8H_2O$$

此标定反应要在溶液加热至 70~80 ℃的条件下进行。滴定开始时,反应很慢,$KMnO_4$ 溶液必须逐滴加入,如果滴加过快,$KMnO_4$ 在热溶液中能部分分解而产生误差。

$$4KMnO_4 + 6H_2SO_4 = 2K_2SO_4 + 4MnSO_4 + 6H_2O + 5O_2$$

在滴定过程中,由于溶液中逐渐有 Mn^{2+} 的生成,使反应速度逐渐加快,所以,滴定速度可稍加快些。

高锰酸钾法所用指示剂就是 $KMnO_4$ 本身,因为 MnO_4^- 呈紫红色,而反应后所得的 Mn^{2+} 几乎无色。所以在 $KMnO_4$ 滴定反应中,当还原剂被完全氧化时,过量的半滴 $KMnO_4$ 溶液便不再褪色,将溶液染成淡红色,表示反应已达终点。

反应达计量点时,有下列关系:

$$n(2KMnO_4) = n(5Na_2C_2O_4)$$

在酸性溶液中(室温),H_2O_2 能定量地被 $KMnO_4$ 氧化。因此,可用高锰酸钾法直接测定 H_2O_2 溶液中 H_2O_2 的质量浓度,其反应式为

$$5H_2O_2 + 2MnO_4^- + 6H^+ = 2Mn^{2+} + 8H_2O + 5O_2 \uparrow$$

反应达计量点时,有下列关系:

$$n(2KMnO_4) = n(5H_2O_2)$$

三、实验仪器和试剂

(一)仪器

磁力搅拌器,分析天平,移液管,锥形瓶,烧杯,棕色试剂瓶,容量瓶,洗耳球,酸式滴定管。

(二)药品

固体 $KMnO_4$(分析纯),固体 $Na_2C_2O_4$(优级纯),H_2SO_4 溶液(3 mol/L),H_2O_2 溶液。

四、实验步骤及注意事项

(一)0.01 mol/L $KMnO_4$ 溶液的配制

在分析天平上称取固体 $KMnO_4$ 约 0.8 g,置于 600 mL 烧杯中,加新煮沸过的冷蒸馏水 500 mL,分数次充分搅拌溶解,置于棕色试剂瓶中,摇匀,塞紧,放在暗处静置 7~10 d(或溶于蒸馏水后加热煮沸 10~20 min,放置 2 d),然后用烧结玻璃漏斗过滤,存入另一洁净的棕色瓶中储存备用。

(二)$KMnO_4$ 溶液的标定

(1)在分析天平上准确称取 $Na_2C_2O_4$ 固体 0.32~0.36 g,置于 50 mL 烧杯中,加入少量蒸馏水溶解后,小心地沿着玻棒转入 100 mL 容量瓶中,烧杯再用蒸馏水冲洗 2~3 次,冲洗液全部并入容量瓶中,再继续加蒸馏水至刻度,充分摇匀。

(2)用 20 mL 移液管吸取 $Na_2C_2O_4$ 标准溶液 20.00 mL,置于 250 mL 锥形瓶中,加入 3 mol/L H_2SO_4 5 mL,摇匀。加热至溶液有蒸汽冒出(70~80 ℃),但不要煮沸,若温度太高,溶液中的 $H_2C_2O_4$ 易分解($Na_2C_2O_4$ 遇酸生成 $H_2C_2O_4$)。

(3)将待标定的 $KMnO_4$ 溶液装入用 $KMnO_4$ 溶液润洗过的酸式滴定管中,记下 $KMnO_4$ 溶液的初始读数($KMnO_4$ 溶液色深,不易看见溶液弯月面的最低点,因此,应该从液面最高边上读数),趁热对 $Na_2C_2O_4$ 溶液进行滴定,小心滴加 $KMnO_4$ 溶液,充分振摇,待第一滴紫红色褪去,再滴加第二滴。接近化学计量点时,紫红色褪去较慢,应减慢滴定速度,同时充分摇匀,直至最后半滴 $KMnO_4$ 溶液滴入摇匀后,显粉红色并保持 30 s 不褪色,即为滴定终点($KMnO_4$ 滴定终点通常不太稳定,由于空气中含有还原性气体及尘埃等杂质,落入溶液中能

使 $KMnO_4$ 慢慢分解而使淡红色消失,所以在 30 s 内不褪色,即可认为已达滴定终点)。记下最终读数。

(4)用同样的方法重复 2 次,平均相对偏差不得超过 0.2%。

按下式计算 $KMnO_4$ 溶液的浓度:

$$c(KMnO_4) = \frac{m(Na_2C_2O_4) \times 1\,000}{5V(KMnO_4)M(Na_2C_2O_4)}$$

式中,$c(KMnO_4)$——$KMnO_4$ 的浓度,mol/L;

$m(Na_2C_2O_4)$——实际参加反应的 $Na_2C_2O_4$ 质量,g;

$V(KMnO_4)$——反应中滴入的 $KMnO_4$ 的体积,mL;

$M(Na_2C_2O_4)$——$Na_2C_2O_4$ 的摩尔质量,g/mol。

(三)过 H_2O_2 溶液中 H_2O_2 含量的测定

(1)用移液管吸取 2.00 mL H_2O_2 溶液于 100 mL 容量瓶中,用水稀释至标线,摇匀。

(2)然后用移液管吸取上述待测溶液 25 mL 于 250 mL 锥形瓶中,加 3 mol/L H_2SO_4 溶液 5 mL,用 $KMnO_4$ 溶液滴定至溶液呈淡红色,并在 30 s 内不褪色,即为终点。

(3)用同样的方法重复滴定 2 次,滴定结果的相对平均偏差应符合要求。

按下式计算 H_2O_2 溶液中 H_2O_2 的质量浓度:

$$\rho(H_2O_2) = \frac{c(KMnO_4)V(KMnO_4) \times \frac{5}{2}M(H_2O_2)}{V_{H_2O_2}}\ (g/L)$$

式中,$V_{H_2O_2}$——每次滴定的 H_2O_2 溶液水试样的体积。

五、数据记录与处理

1. $KMnO_4$ 溶液的标定

编号	1	2	3
$m(Na_2C_2O_4)/g$			
$V_{始}(KMnO_4)/mL$			
$V_{终}(KMnO_4)/mL$			
$V_{总}(KMnO_4)/mL$			
$c(KMnO_4)/(mol/L)$			
$\bar{c}(KMnO_4)/(mol/L)$			
相对平均偏差/%			

2. H_2O_2 溶液中 H_2O_2 含量的测定

编号	1	2	3
$V_{始}(KMnO_4)/mL$			
$V_{终}(KMnO_4)/mL$			
$V_{总}(KMnO_4)/mL$			

编号	1	2	3
$\rho(H_2O_2)/(g/L)$			
$\bar{\rho}_{平均}(H_2O_2)/(g/L)$			
相对平均偏差/%			

六、创新思考

（1）用 $Na_2C_2O_4$ 为一级标准物质标定 $KMnO_4$ 溶液时，有哪些需要注意的事项？

（2）高锰酸钾法通常是用 H_2SO_4 调节溶液的酸度，是否可以用 HNO_3 或 HCl？为什么？

第三章 综合实验

实验一 利用废铝罐制备明矾

一、实验目的

(1)了解明矾的性质及应用,认识 Al 和 $Al(OH)_3$ 的两性。
(2)掌握溶解、过滤、蒸发、结晶、沉淀的转移和洗涤、溶液的 pH 值的检测等基本操作。
(3)掌握一种简单复盐的制备方法。

二、实验原理

铝(Al)在地壳中的含量排第三,但蕴量高并不等于取之不尽用之不竭。同时,一件铝制品起码需要 100 年才能分解完,造成固体废物污染。本实验通过设计回收利用废旧铝材以实现循环再用,保护环境。

铝屑溶于浓 NaOH 溶液,可生成可溶性的四羟基合铝(Ⅲ)酸钠 $Na[Al(OH)_4]$,再用稀 H_2SO_4 调节溶液的 pH 值,将其转化为 $Al(OH)_3$,使 $Al(OH)_3$ 溶于 H_2SO_4 生成 $Al_2(SO_4)_3$。$Al_2(SO_4)_3$ 能同碱金属硫酸盐如 K_2SO_4 在水溶液中结合成一类在水中溶解度较小的同晶复盐,此复盐称为明矾$[KAl(SO_4)_2 \cdot 12H_2O]$。当冷却溶液时,明矾则以大块晶体结晶出来。

明矾 $[KAl(SO_4)_2 \cdot 12H_2O]$ 是离子化合物,能从含 SO_4^{2-} 三价阳离子(如 Al^{3+}、Cr^{3+}、Fe^{3+})和一价阳离子(如 K^+、Na^+、NH_4^+)的溶液中结晶出来,在适当的条件下,并可长成相当大的结晶体。结晶层中含 12 个 H_2O 分子,其中 6 个与三价阳离子紧密结合,其余 6 个与 SO_4^{2-} 及一价阳离子形成较弱的结合。

制备中的化学反应方程式为:

(1)Al 和 KOH 反应生成 $Al(OH)_4^-$ 离子:
$$2Al(s)+2KOH(aq)+6H_2O(l)=2K^+(aq)+2Al(OH)_4^-(aq)+3H_2(g)$$

(2)加入 H_2SO_4 先形成 $Al(OH)_3$ 固体:
$$Al(OH)_4^-(aq)+H^+(aq)=Al(OH)_3(s)+H_2O(l)$$

（3）继续加入 H_2SO_4，则固体溶解成 Al^{3+}：
$$Al(OH)_3(s)+3H^+(aq)=Al^{3+}(aq)+3H_2O(l)$$
（4）生成明矾沉淀：
$$K^+(aq)+Al^{3+}(aq)+2SO_4^{2-}(aq)+12H_2O=KAl(SO_4)_2 \cdot 12H_2O(s)$$

三、实验仪器和试剂

（一）仪器

烧杯、量筒、普通漏斗、布氏漏斗、抽滤瓶、表面皿、蒸发皿、集热式恒温磁力搅拌水浴锅、台秤、循环水真空泵等。

（二）试剂

H_2SO_4（3 mol/L、9 mol/L），NaOH，K_2SO_4，铝屑，pH 试纸（1～14）。

四、实验步骤及注意事项

（一）实验预处理

自备一个空的铝罐，洗涤干净。将铝罐剪开，并裁出约 3 cm ×4 cm 大小，以砂纸打磨表面颜料，用小刀刮干净，然后再剪成约 0.5 cm × 0.5 cm 的薄片，备用。

（二）$Na[Al(OH)_4]$ 的制备

称取固体 NaOH 1 g，迅速将其转移至 100 mL 的烧杯中，加 20 mL 水使其溶解。称量上述处理好的铝屑 0.5 g，切碎，分次放入溶液中（反应激烈，防止溅出）。反应缓慢时，再将烧杯置于热水浴中加热，并不断补充冷水使其保持溶液原体积（20～40 mL）。反应完毕后，趁热常压过滤，留取滤液。注意各步反应温度控制，否则会有安全隐患。

（三）$Al(OH)_3$ 的生成和洗涤

在上述 $Na[Al(OH)_4]$ 溶液中加入 4 mL 左右的 3 mol/L H_2SO_4 溶液，使溶液的 pH 值为 8～9（应充分搅拌后再用 pH 试纸检验）。此时溶液中生成大量的白色 $Al(OH)_3$ 沉淀，用布氏漏斗减压抽滤，并用热水缓慢加入洗涤沉淀，洗至溶液 pH 值为 7～8 为止。留取沉淀。

将抽滤后所得的 $Al(OH)_3$ 沉淀转入蒸发皿中，加 10 mL 9 mol/L H_2SO_4，再加 10 mL 水，小火加热使其溶解。加入 2 g K_2SO_4 继续加热至溶解，停止加热。所得溶液在空气中自然冷却，待结晶完全后，减压过滤，将晶体用滤纸吸干，称重，计算产率。

注意：用热水洗涤 $Al(OH)_3$ 沉淀一定要彻底（洗去可溶性钠盐），以免后面产品不纯。

五、数据记录与处理

请记录铝片初始质量、所得产物明矾质量，计算产量，并自行设计表格记录。

六、创新思考

(1)用热水洗涤 $Al(OH)_3$ 沉淀时去除的是什么离子？

(2)制得的明矾溶液为何采用自然冷却得到结晶,而不采用骤冷？

实验二　镁铝铈复合金属催化剂的合成与表征

一、实验目的

(1)了解一种简单复合金属催化剂的合成方法。
(2)掌握材料合成与表征的基本操作。
(3)掌握化学沉淀法的基本操作。

二、实验原理

$Mg_6Al_2Ce(OH)_{16}CO_3 \cdot 4H_2O$ 是一种典型的水滑石结构,在一定条件下,水滑石中的金属离子会被其他半径相近、电荷相同的金属离子同晶取代,而层间的 CO_3^{2-} 可被 NO_3^-、Cl^- 等无机阴离子取代,从而形成结构相近的类水滑石。然而类水滑石的热稳定性相对较差,在一定温度下的焙烧会使得类水滑石的层状结构被破坏。一般地,在较低温度下,类水滑石主要失去的是吸附在表面的水和层间水,但这个过程并不能使层状结构被破坏;当焙烧温度继续升高时,将导致层间的阴离子,如 CO_3^{2-}、NO_3^- 等发生分解,使得类水滑石的层状结构被破坏从而坍塌。但这一过程使得材料的内表面积扩大。存在于大自然中的类水滑石结构品种相对较少,并且结晶度普遍较低,类水滑石中的杂质含量含也相对较高,并不能满足科学研究的要求。因此,通过人工合成来合成具有优良性能的类水滑石是很有必要的。

关于类水滑石化合物的合成方法有很多。如沉淀法、水热合成法等都是常用的制备类水滑石的方法。制备水滑石的过程一般包括:选取金属硝酸盐为原材料,如铜、铝、镁、锌等金属盐类物质,混合,通过 NaOH 和 HCl 调节 pH 至合适的值,再进行水热加热至一定温度并持续一段时间,形成晶体后再进行焙烧,焙烧温度的控制至关重要。制备类水滑石需要控制的因素很多,比较重要的因素包括金属元素配比、pH 以及水热温度等。所制备出来的类水滑石,其晶体的结晶度是衡量类水滑石质量好坏的一个重要标准。制备出类水滑石后,其用于催化水解 COS(羰基硫)的水解活性较低,因此有必要对其进行改性。常用的用于改性类水滑石结构的方法为焙烧,当焙烧达到一定温度时,类水滑石的层间离子、分子会以气体形式被放出,比如 CO_3^{2-}、H_2O 等,导致双层结构坍塌,从而使得内表面积扩大,催化剂的催化活性明显提高。

三、实验仪器和试剂

见表1、表2。

表1　实验仪器设备一览表

仪器/设备名称	型号规格	生产厂家
数控超级恒温水浴	HH-601	金坛市杰瑞尔电器有限公司

仪器/设备名称	型号规格	生产厂家
高纯氢发生器	SGH-300	北京东方精华苑科技有限公司
COS 钢瓶气	1%	广东佛山科技气体有限公司
CO 钢瓶气	95%	大连大特气体产品有限公司
CS₂ 钢瓶气	0.30%	大连大特气体产品有限公司
N₂ 钢瓶气	99.99%	昆明梅塞尔气体产品有限公司
恒温鼓风干燥箱	DHG-90A	上海索普仪有限公司
HC-6 微量硫磷分析仪	HC-6	湖北华硕科技发展有限公司
低温恒温槽	DKB-2015	上海精宏实验设备有限公司
流量计控制仪	DSN-400	东莞德欣电子科技有限公司
粉末压片机	FW-4A 型	天津市拓普仪器有限公司
电子分析天平	AL204	梅特勒-托利多仪器有限公司

表 2　实验试剂一览表

药品名称	分子式	相对分子质量	纯度	生产厂家
无水碳酸钠	Na_2CO_3	105.99	分析纯	天津市致远化学试剂
碳酸氢钠	$NaHCO_3$	184.01	分析纯	天津市致远化学试剂
硝酸镁	$Mg(NO)_2 \cdot 6H_2O$	256.49	分析纯	天津市风船化学试剂科技有限公司
硝酸铝	$Al(NO)_3 \cdot 6H_2O$	375.13	分析纯	天津市风船化学试剂科技有限公司
硝酸铈	$Ce(NO_3)_3$	326.13	分析纯	天津市风船化学试剂科技有限公司

四、实验步骤及注意事项

(一)不同金属配比对 COS 催化水解活性的影响

水滑石由镁八面体和铝氧八面体组成。其具有独特的双层层状结构,因此广受关注。两种金属硝酸盐分别是 $Mg(NO_3)_2 \cdot 6H_2O$、$Al(NO_3)_3 \cdot 6H_2O$,其中 Mg^{2+}/Al^{3+} 摩尔比为 $1:1,2:1,3:1,4:1$,进行金属配比的实验,同时加入一定量硝酸铈进行配比。我们采用单因素控制变量法,通过不同比例的金属配比来制备催化材料。然后在 COS 浓度为 $400 \times 10^{-6} \sim 470 \times 10^{-6}$(体积分数)、反应温度 50 ℃、空速 5 000 h^{-1}、N_2 平衡下进行催化剂的活性评价,寻找出最优金属配比。

(二)pH 对 COS 催化水解活性的影响

pH 值影响金属盐的共沉淀。因此,我们对催化剂的前驱物(类水滑石)合成 pH 值(7～

11)进行研究。之后在有氧条件 600 ℃ 下焙烧 3 h。测试不同 pH(pH＝7、8、9、10、11)下催化剂对 COS 低温下催化水解的活性。通过催化效率寻找最优合成 pH 值。

(三)水热温度对 COS 催化水解活性的影响

考察的水热温度包括 35 ℃、70 ℃、105 ℃、140 ℃ 和 175 ℃。通过催化剂催化水解 COS 的水解效率选择最优合成水热温度。

(四)焙烧温度对 COS 催化水解活性的影响

在合成出催化剂的前驱物类水滑石的基础上,有必要对前驱物进行改性,而焙烧是一种很好的对类水滑石进行改性的方法。选择焙烧温度为 200 ℃、300 ℃、400 ℃、500 ℃,600 ℃ 和 700 ℃ 进行考察,同时进行空白实验,即在没有焙烧时材料在低温下催化水解 COS。通过实验可以确定最佳焙烧温度。实验装置如图 1 所示。

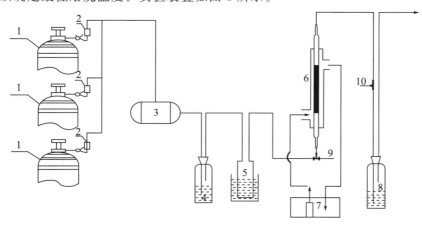

1—钢气瓶(N_2、COS、O_2);　2—质量流量计;　3—混合罐;　4—水饱和器;　5—气体预热装置;

6—固定床反应器;　7—恒温控温仪;　8—尾气吸收;　9—进口采样点;　10—出口采样点

图 1　实验装置图

五、数据记录与处理

记录镁铝复合金属催化剂合成的最佳金属配比、合成 pH、水热温度、焙烧温度并自行设计表格记录。

	金属配比	合成 pH	水热温度	焙烧温度
最优条件				

六、创新思考

(1)可以合成类水滑石结构的其他过渡金属有哪些？

(2)具有类水滑石结构的催化剂可以用来脱除哪些污染物？

参考文献

[1] 何晗,李山珊,王媛. Zn-Mg-Al 类水滑石催化剂制备生物柴油的研究[J]. 化工设计通讯,2019,45(7):121,129.

[2] 龚政. $Mg_3Mn_xAl_{1-x}CO_3$ 类水滑石衍生 NSR 催化剂的制备及其性能评价[J]. 化工环保,2019,39(3):289-295.

[3] 余晓鹏,张付宝. 甲烷干重整反应用 Ni-Ru/MgAl 类水滑石催化剂的研究[J]. 分子催化,2015,29(5):448-457.

实验三　电解饱和食盐水制备消毒剂

一、实验目的

掌握电解饱和食盐水实验操作技能。

二、实验原理

　　环境中消毒剂的投加是控制微生物风险的重要手段,特别是新冠肺炎疫情以来,常态化消毒已成为控制疫情传播的有效手段。氯消毒是目前应用最为广泛的消毒技术,其中 NaClO 溶液作为简单高效的消毒剂已成为日常消毒剂之一,然而高浓度 NaClO 溶液存在难存储、易分解等问题,因此需要现场产生。电解食盐水在线制备 NaClO 溶液是最为安全便捷的方法之一。

(一)水的电解

阴极反应:　　　　　　　　　　$2H^+ + 2e^- \rightarrow H_2 \uparrow$

阳极反应:　　　　　　　　　　$2OH^- - 4e^- \rightarrow 2H_2O + O_2 \uparrow$

总反应:　　　　　　　　　　$2H_2O \xrightarrow{通电} O_2 \uparrow + 2H_2 \uparrow$

(二)饱和 NaCl 溶液的电解

(1)正接

阴极:铁;阳极:碳棒。

阴极反应:　　　　　　　　　　$2H^+ + 2e^- \rightarrow H_2 \uparrow$

阳极反应:　　　　　　　　　　$2Cl^- - 2e^- \rightarrow Cl_2 \uparrow$

总反应:　　　　　$2NaCl + 2H_2O \xrightarrow{通电} Cl_2 \uparrow + H_2 \uparrow + 2NaOH$

(2)反接

阴极:碳棒;阳极:铁。

阴极反应:　　　　　　　　　　$2H^+ + 2e^- \rightarrow H_2 \uparrow$

阳极反应:　　　　　　　　　　$Fe - 2e^- \rightarrow Fe(OH)_2 \downarrow$

总反应:　　　　　　$Fe + 2H_2O \xrightarrow{通电} H_2 \uparrow + 2Fe(OH)_2 \downarrow$

(三)制备 NaClO

Cl_2 与 H_2O 反应生成 HCl 和 HClO,然后 HCl 和 HClO 分别与 NaOH 反应:

$$Cl_2 + H_2O = HCl + HClO \tag{1}$$

$$HCl + NaOH = NaCl + H_2O \tag{2}$$

$$HClO + NaOH = NaClO + H_2O \tag{3}$$

（1）＋（2）＋（3）得：

$$Cl_2 + NaOH = NaCl + NaClO + H_2O$$

Cl_2 和 $NaOH$ 反应生成 $NaCl$、$NaClO$ 和 H_2O。

三、实验仪器和试剂

直流低压电源，具支 U 形管，石墨电极，铁电极，导线，烧杯，玻璃棒；固体 $NaOH$，酚酞试液，KI 淀粉试纸，饱和 $NaCl$ 溶液。

四、实验步骤及注意事项

（一）实验步骤

如图 1 所示，向具支 U 形管中滴加饱和 $NaCl$ 溶液直至支管以下约 2 cm 处，并从两管口各滴加 2 滴酚酞试液，装上铁阴极和石墨阳极（铁电极和石墨电极使用时，要进行预处理，用砂纸打磨铁电极，除去铁锈；用水清洗石墨电极），接通低压直流电源，调节电压为 15 V。可以看到两电极附近有大量气泡产生。在阴极区，溶液变红，说明阴极区溶液呈碱性；在阳极区上方，产生有臭味的气体，用润湿的 KI 淀粉试纸试之，变蓝，说明在阳极区有 Cl_2 生成。

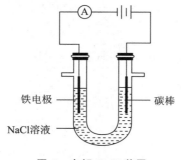

铁电极 ── 碳棒

NaCl溶液

图 1　电解 NaCl 装置

（二）注意事项

电解 $NaCl$ 过程中，在滴加酚酞的溶液表面有时会出现一层白色的胶体，这是因为酚酞在饱和溶液中溶解度变小。

五、数据记录与处理

根据反应计算消毒剂的产量。

六、创新思考

电解饱和食盐水过程中，会产生 H_2、Cl_2、$NaOH$，H_2 易爆，Cl_2 有毒，$NaOH$ 有腐蚀性，如何改进实验过程以尽可能减少危害？

实验四 室内不同粒径颗粒物样品采集

一、实验目的

(1)了解大气气溶胶样品采集的基本技术。

(2)掌握安德森八级采样器的采样流程。

二、实验原理

气溶胶粒度分布采样器是模拟人呼吸道的解剖结构和空气动力学特征,采用惯性撞击原理,将悬浮于空气中的粒子,按其空气动力学等效直径的大小,分别收集在各级采集板上,然后通过称重或进行物理、化学、放射学性质分析,以评价环境气溶胶对人类健康的危害程度。

(一)安德森八级采样器结构

气溶胶粒度分布采样器整套仪器由撞击器、采集板、前分离器、主机(流量计)及三脚架组成。

1. 撞击器

撞击器是由八级带有微小喷孔的铝合金圆盘及级过滤器构成,圆盘下放采集板,圆盘间有密封胶圈,用底座上三个弹簧挂钩固定在一起,圆盘上环形排列精密的喷孔。当空气进入采样口后,气流速度逐级增高,不同大小的粒子按空气动力学特征分别撞击在相应的采集板上,每级收集到粒子大小范围取决于该级的喷孔速度和上一级的截挡状况。没被收集的粒子随着板边周围的气流进入下一级,以此类推,至加速到足以被撞击为止。第八级是备用过滤器,可装 $\Phi 80$ mm 滤膜,没有收集到的亚微米粒子被滤膜捕获。每级有一个可装卸的不锈钢采集板,第2、3级的采集板在中心部位有 $\Phi 22.5$ mm 的孔,可使气流从中心通过。

2. 前分离器

在含有大于 $10~\mu m$ 粒子的环境中采样,使用前分离器,以防止粒子的反弹和重复输送。前分离器是一个有 $\Phi 12.8$ mm 的进气管和三根出气管的撞击室。这种设计能大大降低涡流,并且在收集到几克重粒子情况下也不过载。

使用前分离器时,用前分离器取代撞击器上部的进气口,用三个弹簧挂钩固定在撞击器上,无须再做调节。

3. 主机

28.3 L/min 采样流量由一个连续运转的抽气机提供,由流量调节旋钮控制采样流量,玻璃转子流量计指示流量。

(二)技术性能

(1)捕获率:99.99%。

（2）采集粒子范围：

0级9.0～10 μm,1级5.8～9.0 μm,2级4.7～5.8 μm,3级3.3～4.7 μm,4级2.1～3.3 μm,5级1.1～2.1 μm,6级0.65～1.1 μm,7级0.43～0.65 μm,8级亚微米（滤膜）。

（3）采样流量：28.3 L/min(可调)。

（4）电源：变流电220 V。

（5）质量：约5 kg(撞击器1.5 kg,前分离器0.4 kg,主机3 kg)。

（6）体积：撞击器Φ98 mm×212 m,前分离器Φ89 mm×80 mm。

（三）基本配置

主机:1套(含真空泵、流量计、定时器);撞击器:1只;三脚架:1只;分离器:1只;不锈钢采集板:1套;操作手册:1份;铝合金手提箱:1只。

三、实验仪器和试剂

安德森八级大气细颗粒物采样器。

四、实验步骤及注意事项

称取膜质量并记录;放置称取好的膜于采样器中并固定;抽取一定体积的空气,使之通过已恒重的滤膜,则悬浮微粒被阻留在滤膜上,根据采样前后滤膜质量之差、所过滤空气体积及采气体积,计算总悬浮颗粒物的质量浓度。

（一）安德森采样器流量校正

（1）安德森气溶胶粒度分布采样器JWL-8的标准采样流量是28.3 L/min,采样前要校正好流量。

（2）必须保证圆盘孔眼通畅,按顺序装配好撞击器,注意放好各级间密封圈,挂上三个弹簧挂钩。

（3）用橡胶管连接撞击器出气口→主机进气口,取下撞击器进气口上盖。

（4）主机接上电源,按下主机上电源开关,调节流量调节旋钮,使流量计的转子稳定在28.3 L/min。

（二）安德森采样器清洗处理

（1）用中性洗涤剂以温水清洗撞击器和采集板,最好用超声波清洗,以除去喷孔的堵塞物。清洗后擦干或用无毛纸巾吸干。

（2）用手拿撞击盘和采集板的边缘,不要让皮肤油脂沾到喷孔和采集面上。

（3）检查各级喷孔,若发生堵塞,用电吹风或便携的氟利昂枪清洁喷孔,或用备用细针轻轻清除,绝不可用硬质物件处理,以保证喷孔的精确度。

（4）准备好Φ80 mm玻璃纤维滤膜(7片/次)及中心位置开孔(Φ22.5 mm)的玻璃纤维滤膜(2片/次)。可采用其他采集衬垫物如纤维素、铝箔、维尼龙等材料。

(三)安德森采样器现场采样

(1)将三脚架支开并锁紧,把三脚架顶部的圆盘调至水平,撞击器放置在圆盘上,主机放在桌上或地上,用橡胶管连接撞击器出气口→主机进气口。

(2)将安德森撞击器三个弹簧挂钩拉下,取下各级撞击盘,把 Φ 80 mm 的玻璃纤维滤膜放入第 8 级过滤器中,把 O 形圈压在滤膜上。

(3)依次放入不锈钢采集板,采集板安放在三个凸起有槽口的定位块上,以防止活动。第 2、3 级的采集板中心位置有 Φ 22.5 mm 的孔。

(4)把 Φ 80 mm 的玻璃纤维滤膜放入不锈钢采集板内,表面必须同采集板弯边顶部齐平,以保持喷孔与采集面的距离。

(5)也可将不锈钢采集板底面朝上放置,底面涂抹硅油或真空脂来进行采样。

(6)把顶部的进气口或者前分离器安装就位,挂上三个弹簧挂钩。

(7)取下进气口上盖,启动主机进行采样。可用配备的定时器设定采样时间。

(8)采样完毕,记录采样时间,取出采集板和滤膜,注意顺序和编好号码,以备质量分析或化学检测。

五、数据记录与处理

(1)确定撞击器各级滤膜的质量变化。

(2)把各级质量变化加起来,以获得所采集的粒子总质量。

(3)各级粒子质量分数=该级粒子质量/总质量×100%。

六、创新思考

(1)采样地点的选择有哪些要求?

(2)样品的保存方式有哪些?

(3)颗粒物组分可能包括哪些?

参考文献

[1] 刘明月.我国大气细颗粒物中水溶性离子的研究进展[J].清洗世界,2021,37(1):119-122.

[2] 周跃.大气细颗粒物组成分析研究[J].中国战略新兴产业,2017(16):26-27.

实验五　铁氧体法处理含铬废水

一、实验目的

(1)掌握分光光度计的使用方法。

(2)掌握标准曲线的原理与画法。

(3)学习水样中铬的处理方法,以及用分光光度计测六价铬的方法。

二、实验原理

含铬的工业废水中铬的存在形式多为六价及三价。六价铬的毒性比三价铬大 100 倍,它能诱发皮肤溃疡、贫血、肾炎及神经炎等。工业废水排放时,要求六价铬的含量不超过 0.3 mg/L,而生活饮用水和地面水,则要求 Cr^{6+} 的含量不超过 0.05 mg/L。六价铬的除去方法很多,本实验采用铁氧体法。所谓铁氧体是指在含铬废水中,加入过量的 $FeSO_4$ 溶液,使其中的六价铬和 Fe^{2+} 发生氧化还原反应,此时六价铬被还原为 Cr^{3+},而 Fe^{2+} 则被氧化为 Fe^{3+}。调节溶液的 pH 值,使 Cr^{3+}、Fe^{3+} 和 Fe^{2+} 转化为氢氧化物沉淀,然后加入 H_2O_2,再使部分 +2 价铁氧化为 +3 价铁,组成类似 $Fe_3O_4 \cdot xH_2O$ 的磁性氧化物。这种氧化物称为铁氧体,其组成也可写作 $Fe^{3+}[Fe^{2+}Fe^{3+(1-x)}Cr^{3+}x]O_4$,其中部分 +3 价铁可被 +3 价铬代替,因此可使铬成为铁氧体的组分而沉淀出来。其反应方程式为:

$$Cr_2O_7^{2-} + 6Fe^{2+} + 14H^+ = 2Cr^{3+} + 6Fe^{3+} + 7H_2O$$

$$Fe^{2+} + Fe^{3+} + Cr^{3+} + OH^- = Fe^{3+}[Fe^{2+}Fe^{3+(1-x)}Cr^{3+}x]O_4(铁氧体)$$

式中 x 在 0~1 之间。

含铬的铁氧体是一种磁性材料,可以应用在电子工业上。采用该方法处理废水既环保又利用了废物。

处理后的废水中六价铬可与二苯基碳酰二肼(DPCI)在酸性条件下作用产生红紫色络合物,从而可用来检验结果。该络合物的最大吸收波长为 540 nm 左右,摩尔吸光系数为 $2.6 \times 10^4 \sim 4.17 \times 10^4$ L/(mol·cm)。显色温度以 15 ℃为宜,温度过低显色速度慢,过高则络合物稳定性差;显色时间 2~3 min,络合物可在 1.5 h 内稳定,根据颜色深浅进行比色,即可测定废水中的残留六价铬的含量。

三、实验仪器与试剂

(一)仪器

分光光度计,50 mL 比色管,移液管(25 mL、5mL),比色皿。

(二)试剂

(1)$K_2Cr_2O_7$ 标准溶液:准确称取于 140 ℃下干燥的 $K_2Cr_2O_7$ 2.830 g 于小烧杯中,溶解后

转入 1 000 mL 容量瓶中,用水稀释至刻度,摇匀。含 Cr^{6+} 100 mg/L 作为储备液。准确移取 5 mL储备液于 500 mL 容量瓶中,用水稀释至刻度,摇匀,制成含 Cr^{6+} 1.0 $\mu g/mL$ 的标准溶液。

(2)H_2SO_4 溶液(3 mol/L),NaOH 溶液(6 mol/L),H_2O_2 溶液(3%),$FeSO_4 \cdot 7H_2O(s)$。

(3)二苯基碳酰二肼溶液:0.05 g 二苯基碳酰二肼加入 25 mL 95% 乙醇溶液中,待溶解后再加入 100 mL 1:9 的 H_2SO_4 溶液,摇匀。该物质很不稳定,见光易分解,应储于棕色瓶中,不用时置于冰箱中。该溶液应为无色,如溶液已是红色,则不应再使用。现用现配。

四、实验步骤及注意事项

(一)含铬废水的处理

量取 100 mL 含铬废水,置于 250 mL 烧杯中,根据已知浓度,换算成 CrO_3 的质量,再按 $CrO_3 : FeSO_4 \cdot 7H_2O = 1:16$ 的质量比算出所需 $FeSO_4 \cdot 7H_2O$ 的质量。用台式天平称出所需的 $FeSO_4 \cdot 7H_2O$ 的质量,加到含铬废水中,不断搅拌,待晶体溶解后,逐滴加入 3 mol/L H_2SO_4 溶液,并不断搅拌,直至溶液的 pH 值约为 1。此时溶液显亮绿色。

逐滴加入 6 mol/L NaOH 溶液,调节溶液的 pH 值到 8~9。然后将溶液加热至 70 ℃ 左右,在不断搅拌下滴加 3% H_2O_2 溶液。冷却静置,使所形成的氢氧化物沉淀沉降。

采用倾泻(析)法对上面的溶液进行过滤,滤液进入干净干燥的烧杯中待测浓度。

(二)处理后水质的检验

1. $K_2Cr_2O_7$ 标准曲线的绘制

用吸量管分别移取 $K_2Cr_2O_7$ 标准溶液 0.00 mL、0.50 mL、1.00 mL、2.00 mL、4.00 mL、7.00 mL、10.00 mL 各置于 50 mL 比色管中,然后在每一个比色管中加入约 30 mL 去离子水和 2.50 mL 二苯基碳酰二肼溶液,最后用去离子水稀释到刻度,摇匀,让其静置 10 min。以试剂空白为参比溶液,在 540 nm 波长处测量溶液的吸光度 A,以吸光度为纵坐标,相应六价铬含量为横坐标绘出标准曲线。

2. 处理后水样中 Cr^{6+} 的含量

往比色管中加入 2.50 mL 二苯基碳酰二肼溶液,然后取上面处理后的滤液 1 份 25 mL,加入 50 mL 比色管中定容到刻度,摇匀,静置 10 min。用同样的方法在 540 nm 处测出其吸光度,平行测定 3 次。根据测定的吸光度,在标准曲线上查出相对应的六价铬的质量(以 mg 计),再用下面的公式算出每升废水试样中的含量。

$$六价铬含量 = \frac{c}{25}(mg/L)$$

式中,c 为在标准曲线上查到的六价铬含量,25 为所取试样的体积。

五、数据记录与处理

(一)$K_2Cr_2O_7$ 标准曲线的绘制

以试剂空白为参比溶液,在 540 nm 波长处测量溶液的吸光度 A,以吸光度为纵坐标,相应六价铬含量为横坐标绘出标准曲线。

表1　K₂Cr₂O₇ 标准曲线数据

序号	空白	1	2	3	4	5	6
K₂Cr₂O₇ 标准溶液体积/mL	0.00	0.50	1.00	2.00	4.00	7.00	10.00
二苯基碳酰二肼体积/mL				2.50			
定容后体积/mL							
吸光度 A							
$c/(mg/L)$							

（二）处理后水样中六价铬含量的计算

表2　处理后水样中六价铬含量的计算

水样编号	1	2	3
吸光度 A			
六价铬含量/μg			
$c/(mg/L)$			
平均含量/(mg/L)			

六、创新思考

（1）处理废水中，为什么加 $FeSO_4 \cdot 7H_2O$ 前要加酸调节 pH 到1？而后为什么又要加碱调整 pH＝8 左右？如果 pH 控制不好，会有什么不良影响？

（2）如果加入 $FeSO_4 \cdot 7H_2O$ 不够，会产生什么效果？

实验六　B-Z 振荡反应

一、实验目的

(1)了解 Belousov-Zhabotinskii(B-Z)振荡反应的机理。

(2)通过测定电位-时间曲线,求得振荡反应的表观活化能。

二、实验原理

(一)化学振荡

化学振荡是指在部分自催化反应体系中,反应组分、产物或中间产物的浓度随时间、空间发生有序周期性变化的现象。它具有非线性动力学微分速率方程,是在开放体系中进行的远离平衡的一类反应。

(二)B-Z 振荡反应机理

B-Z 振荡反应是指由俄国科学家别洛索夫(Belousov)和扎鲍廷斯基(Zhabotinskii)发现的化学振荡反应,以金属铈离子作为催化剂,柠檬酸在酸性条件下被 $KBrO_3$ 氧化时可呈现周期性振荡现象。

在 H_2SO_4 介质中以金属铈离子为催化剂的条件下,丙二酸被 $HBrO_3$ 氧化的机理简称 FKN 机理(由 Field、Koros、Noyes 提出),系统中$[Br^-]$、$[HBrO_2]$,$[Ce^{4+}]/[Ce^{3+}]$ 都随时间周期性变化。

B-Z 反应:

过程 A

$$BrO_3^- + Br^- + 2H^+ \rightarrow HBrO_2 + HBrO \tag{1}$$

$$HBrO_2 + Br^- + H^+ \rightarrow 2HBrO \tag{2}$$

式中,$HBrO_2$ 为中间体,过程特点是消耗大量的 Br^-。反应中产生的 HBrO 能进一步反应,使有机物丙二酸(malonic acid, MA)按下式被溴化为 BrMA。

$$(A_1)HBrO + Br^- + H^+ \rightarrow Br_2 + H_2O$$

$$(A_2)Br_2 + MA \rightarrow BrMA + Br^- + H^+$$

过程 B

$$BrO_3^- + HBrO_2 + H^+ \rightleftharpoons 2BrO_2 + H_2O \tag{3}$$

$$2BrO_2 + 2Ce^{3+} + 2H^+ \rightleftharpoons 2HBrO_2 + 2Ce^{4+} \tag{4}$$

这是一个自催化过程,在 Br^- 消耗到一定程度后,$HBrO_2$ 才转化到按以上(3)(4)进行反应,并使反应不断加速;与此同时,催化剂 Ce^{3+} 氧化为 Ce^{4+}。在过程 B 的(3)(4)反应中,(3)的正反应是速率控制步骤。此外 $HBrO_2$ 的积累还受到下面歧化反应的制约。

$$2HBrO_2 \rightarrow BrO_3^- + HBrO + H^+ \tag{5}$$

过程 C

MA 和 BrMA 使 Ce^{4+} 还原为 Ce^{3+}，并产生 Br^- 和其他产物。这一过程目前了解还不够清楚,反应大致表达为:

$$2Ce^{4+} + MA + BrMA \rightarrow fBr^- + 2Ce^{3+} + 其他产物 \tag{6}$$

式中,f 为系数,它是每两个 Ce^{4+} 反应所产生的 Br^- 数,随着 BrMA 与 MA 参加反应的不同比例而异。过程 C 对化学振荡非常重要。如果只有 A 和 B,那就是一般的自催化反应,一次就完成。正是由于过程 C,以有机物 MA 的消耗为代价,重新得到 Br^- 和 Ce^{3+},反应得以重新启动,形成周期性的振荡。

丙二酸的 B-Z 振荡反应中,MA 为 $CH_2(COOH)_2$,BrMA 即为 $BrCH(COOH)_2$,总反应为:

$$3H^+ + 3BrO_3^- + 5CH_2(COOH)_2 \xrightarrow{Ce^{3+}} 3BrCH(COOH)_2 + 2HCOOH + 4CO_2 + 5H_2O$$

它是由 $(1)+(2)+4\times(3)+4\times(4)+2\times(5)+5\times(A_1)+5\times(A_2)$,再加上 (6) 组合而成。

$$8Ce^{4+} + 2BrCH(COOH)_2 + 4H_2O \rightarrow 8Ce^{3+} + 2Br^- + 2HCOOH + 4CO_2 + 10H^+$$

按在 FKN 机理的基础上建立的俄勒冈模型可以得到,振荡周期 $t_{振}$ 与过程 C 即反应步骤 (6) 的反应系数 K_C 以及有机物的浓度 c_B 呈反比关系,比例常数还与其他反应步骤的速率系数有关,测定不同温度的振荡周期 $t_{振}$,如近似地忽略比例常数随温度的变化,可以估算过程 C 即反应步骤 (6) 的表观活化能。此外,随着反应的进行,c_B 逐渐减小,振荡周期将逐渐变大。

(三)测量及数据

用溴离子选择电极和铂电极分别测定 $[Br^-]$ 和 $[Ce^{4+}]/[Ce^{3+}]$ 随时间变化的曲线,处理数据得到诱导期时间 $(t_{诱})$ 及振荡周期 $(t_{振})$。由 $1/t_{诱}$、$1/t_{振}$ 分别衡量诱导期和振荡周期反应速率的快慢,综合不同温度下的 $t_{诱}$ 和 $t_{振}$,估算表观活化能 $E_{诱}$、$E_{振}$。

三、实验仪器和试剂

本实验的主要仪器与试剂如表 1 所示。

表 1　主要仪器与试剂

仪器/试剂名称	规格/制备条件
精密恒温浴槽	—
电磁搅拌器	—
铂电极	—
饱和甘汞电极	—
滴瓶	3 个
量筒	20 mL
移液管	2 mL
洗瓶	—
镊子	—
硝酸铈铵[$Ce(NH_4)_2(NO_3)_6$]	0.02 mol/L
丙二酸 $CH_2(COOH)_2$	0.5 mol/L
溴酸钾($KBrO_3$)	0.2 mol/L
硫酸(H_2SO_4)	0.8 mol/L

四、实验步骤及注意事项

(一)实验步骤

(1)检查仪器药品。

(2)按装置图(图 1)接好线路。

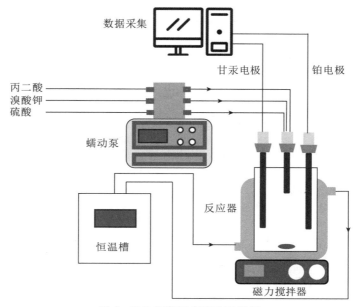

图 1　B-Z 振荡反应实验装置图

(3)接通相应设备电源,准备数据采集,记录室温及大气压。

(4)调节恒温槽温度为 20 ℃。分别量取 0.5 mol/L $CH_2(COOH)_2$ 溶液 7 mL、0.2 mol/L $KBrO_3$ 溶液 15 mL 和 0.8 mol/L H_2SO_4 溶液 18 mL 于干净的反应器中,开动搅拌。打开数据记录设备,开始采集数据,待基线走稳后,用移液管加入 2 mL $Ce(NH_4)_2(NO_3)_6$ 溶液。

(5)观察溶液的颜色变化,观察反应曲线,出现振荡后,待振荡周期完整重复 8～10 次后,停止数据记录,保存数据文件后记录恒温槽温度,从数据文件中读出相应的诱导期 $t_{诱}$ 和振荡周期 $t_{振}$。

(6)将温度升高 4 ℃,重复步骤(4)和(5),重复 5 次。

(二)注意事项

(1)各个组分的混合顺序对体系的振荡行为有影响。应在 $CH_2(COOH)_2$、$KBrO_3$、H_2SO_4 混合均匀后,且当记录仪的基线走稳后,再加入 $Ce(NH_4)_2(NO_3)_6$ 溶液。

(2)反应温度可明显地改变诱导期和振荡周期,故应严格控制温度恒定。

(3)实验中 $KBrO_3$ 试剂纯度要求高。

(4)配制 $Ce(NH_4)_2(NO_3)_6$ 溶液时候,一定要在 H_2SO_4 介质中配制,防止发生水解而出现浑浊。

(5)所使用的反应容器一定要冲洗干净,转子位置及速度都必须加以控制。

五、数据记录与处理

(1)列表记录各项实验数据(自行设计表格)。

(2)求 $t_{诱}$ 和 $t_{振}$:根据记录的诱导期为时间起点,再根据 B-Z 振荡曲线中取得的诱导期终点,计算得出诱导期 $t_{诱}$,将 8 次振荡周期最高点作为周期点,取平均值作为振荡周期 $t_{振}$,得到温度(T)与诱导时间($t_{诱}$)和振荡时间($t_{振}$)的关系如下:

$T/℃$	20	25	30	35
$t_{诱}/s$				
$t_{振}/s$				

(3)计算活化能

由

$$t_{诱} \cdot t_{振} = 常数$$

$$\ln k = \ln A - \frac{E_a}{RT}$$

可得

$$\ln\left(\frac{1}{t_{诱}}\right) = \ln A - \frac{E_a}{RT}$$

分别作 $\ln(1/t_{诱})$-$1/T$、$\ln(1/t_{振})$-$1/T$ 图,由直线斜率再乘 $-R$ 即可求出表观活化能。

$T/℃$				
$t_{诱}/s$				
$t_{振}/s$				
$1/T$				
$\ln(1/t_{诱})$				
$\ln(1/t_{振})$				

使用 Origin 软件作图,线性拟合后得到两条直线的斜率,进而求出表观活化能。

六、创新思考

(1)已知卤素离子(Cl^-、Br^-、I^-)都很易和 $HBrO_2$ 反应,如果在振荡反应的开始或是中间加入这些离子,将会出现什么现象?试用 FKN 机理加以分析。

(2)为什么 B-Z 振荡反应有诱导期?反应何时进入振荡期?

(3)影响诱导期的主要因素有哪些?

(4)体系中哪一步反应步骤对振荡行为最为关键?

实验七　海盐提纯

一、实验目的

(1)学习由海盐制试剂级 NaCl 的原理和方法。

(2)掌握盐类溶解度的知识及其在无机物提纯中的应用。

(3)练习溶解、沉淀、减压过滤、蒸发、结晶和烘干等基本操作。

(4)了解 SO_4^{2-}、Ca^{2+}、Mg^{2+} 等离子的定性鉴定。

二、实验原理

海水粗盐中含有 Ca^{2+}、Mg^{2+}、K^+、SO_4^{2-} 等可溶性杂质和泥沙等不溶性杂质,选择适当的试剂可使离子生成沉淀而除去。一般是向粗盐溶液中加入 $BaCl_2$ 溶液,除去 SO_4^{2-}。

$$Ba^{2+} + SO_4^{2-} = BaSO_4 \downarrow$$

然后向溶液中加入 Na_2CO_3 溶液,除去 Ca^{2+}、Mg^{2+} 和过量的 Ba^{2+}。

$$Ca^{2+} + CO_3^{2-} = CaCO_3 \downarrow$$

$$Mg^{2+} + 2OH^- = Mg(OH)_2 \downarrow$$

$$Ba^{2+} + CO_3^{2-} = BaCO_3 \downarrow$$

过量的 Na_2CO_3 溶液用 HCl 中和。粗盐中的 K^+ 与这些沉淀剂不反应,仍留在溶液中。由于 KCl 的溶解度比 NaCl 的大,而且在粗盐中的含量较少,所以在蒸浓食盐溶液时,NaCl 结晶出来,KCl 仍留在母液中。

三、实验仪器和试剂

(一)仪器

台称,普通漏斗,布氏漏斗,吸滤瓶,蒸发皿,镊子,漏斗架,石棉网,pH 试纸等。

(二)试剂

HCl(6 mol/L),H_2SO_4(2 mol/L),NaOH(6 mol/L),$BaCl_2$(1 mol/L),Na_2CO_3(饱和),$(NH_4)_2C_2O_4$(饱和),粗食盐等。

四、实验步骤及注意事项

(一)粗盐提纯

(1)在台秤上,称取 8 g 粗食盐,放入小烧杯中,加 30 mL 蒸馏水,用玻璃棒搅动,并加热使其溶解。至溶液沸腾时,在搅动下滴加 1 mol/L $BaCl_2$ 溶液至沉淀完全(约 2 mL),继续加热,使 $BaSO_4$ 颗粒长大便于后续沉淀和过滤。为了检验沉淀是否完全,可将烧杯从石棉网上取下,待沉淀沉降后,在上层清液中加入 1~2 滴 $BaCl_2$ 溶液,观察澄清液中是否还有混浊现象:如果无混浊现象,说明 SO_4^{2-} 已完全沉淀;如果仍有混浊现象,则需继续滴加 $BaCl_2$ 溶液,直到上层清液滴加 $BaCl_2$ 后不再产生混浊现象为止。沉淀完全后,继续加热 5 min,以使沉淀颗粒长大而易于沉降,用普通漏斗多次过滤。

(2)在滤液中加入 2 mL 6 mol/L NaOH 和 2 mL 饱和 Na_2CO_3 溶液加热至沸。待沉淀沉降后,在上层清液中滴加饱和 Na_2CO_3 溶液至不再产生沉淀为止,用普通漏斗过滤。

(3)在滤液中滴加 6 mol/L HCl,并用玻璃棒蘸取滤液在 pH 试纸上试验,直到溶液呈微酸性为止(pH≈6)。

(4)将溶液倒入蒸发皿中,用小火加热蒸发,浓缩至稀粥状的稠液为止,但切不可将溶液蒸发至干。

(5)冷却后,用布氏漏斗过滤,尽量将结晶抽干。将结晶移入蒸发皿中,在石棉网上用小火加热干燥。

(6)称量产品的质量,并计算产率。

(二)产品纯度的检验

取少量(约 1 g)提纯前和提纯后的食盐,分别用 5 mL 蒸馏水溶解,然后各盛于 3 支试管中,组成 3 组,对照检验它们的纯度。

1. SO_4^{2-} 的检验

在第一组溶液中,分别加入 2 滴 6 mol/L HCl 溶液和 1 mol/L $BaCl_2$ 溶液,比较沉淀产生的情况,在提纯的食盐溶液中应该无沉淀产生。

2. Ca^{2+} 的检验

在第二组溶液中,各加入 2 滴 0.5 mol/L 草酸铵 $(NH_4)_2C_2O_4$ 溶液,在提纯的食盐溶液中应无白色难溶的 CaC_2O_4 沉淀产生。

3. Mg^{2+} 的检验

在第三组溶液中,各加入 2~3 滴 1 mol/L NaOH 溶液,使溶液呈碱性(用 pH 试纸检验),再各加入 2~3 滴镁试剂,在提纯的食盐溶液中应无天蓝色沉淀产生。

镁试剂是一种有机染料,它在酸性溶液中呈黄色,在碱性溶液中呈红色或紫色,但被 $Mg(OH)_2$ 沉淀吸附后,则呈天蓝色,因此可以用来检验 Mg^{2+} 的存在。

五、创新思考

(1)加入 30.0 mL 水溶解 8.0 g 食盐的依据是什么? 加水过多或过少有什么影响?

(2)提纯后的食盐溶液浓缩时为什么不能蒸干?

(3)简述粗盐提纯过程。

实验八　水体中低浓度有机污染物的固相萃取

一、实验目的

(1)了解固相萃取的原理和操作步骤。

(2)在掌握固相萃取原理的基础上,实现水体中有机物的富集。

二、实验原理

固相萃取(solid phase extraction,SPE)是近年发展起来的一种样品预处理技术,由液固萃取和柱液相色谱技术相结合发展而来,主要用于样品的分离、纯化和浓缩。与传统的液液萃取法相比,固相萃取可以提高分析物的回收率,有效地将分析物与干扰组分分离,简化样品预处理过程。它操作简单,省时,省力,广泛应用于医药、食品、环境、商检、化工等领域。

固相萃取技术基于液-固相色谱理论,采用选择性吸附、选择性洗脱的方式对样品进行富集、分离、净化,是一种包括液相和固相的物理萃取过程,也可以将其近似地看作一种简单的色谱过程。

固相萃取利用选择性吸附与选择性洗脱的液相色谱分离原理。较常用的方法是使液体样品溶液通过吸附剂,保留其中被测物质,再选用适当强度溶剂冲去杂质,然后用少量溶剂迅速洗脱被测物质,从而达到快速分离净化与浓缩的目的。也可选择性吸附干扰杂质,而让被测物质流出;或同时吸附杂质和被测物质,再使用合适的溶剂选择性洗脱被测物质。

三、实验仪器和试剂

固相萃取装置,真空泵,萃取柱和药品若干。

四、实验步骤及注意事项

固相萃取采用 SUPELCO SBAB-57044♯12 管防交叉污染萃取装置(美国生产),包括 SUPELCO VisiprepTM DL(12 孔多歧管固相萃取装置)、SUPELCO VisiprepTM Large Volume Sampler(大体积采样器)、BOA-P504-BN 型无油隔膜真空泵、KL512 型恒温水浴氮吹仪(北京康林科技有限责任公司)。固相萃取萃取柱为商品化的聚丙烯固相萃取柱(SU-PELCO ENVI-18,17% C,6 mL/g)。固相萃取装置和固相萃取小柱分别如图1和图2所示。

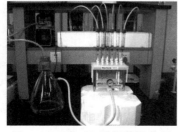

图 1　SUPELCO 固相萃取装置

图 2　ENVI-18 固相萃取小柱

实验所采用的固相萃取方法按以下步骤进行：

（一）水样预处理

用洗干净的玻璃瓶在不同的调查地点取水样，取回的水样加入占其体积 1‰的甲醇，然后用 HCl 调节 pH 值为 6，并及时进行过滤浓缩。如果不能及时过滤分析，则应存放在 4 ℃冰箱中。为了防止固相萃取时水中的杂质颗粒等堵塞 C_{18} 小柱，水样在固相萃取前要先经过 0.45 μm 醋酸纤维平板膜过滤，以去除水样中颗粒杂质。

过滤中使用的超滤器由中国科学院上海原子核研究所膜分离技术研究开发中心提供，有效容积 300 mL，有效过滤面积为 3.32×10^{-3} m^2。内有磁力搅拌装置。驱动压力为高纯 N_2，压力为 0.1 MPa。

（二）柱的活化

C_{18} 小柱在使用前应进行活化。依次量取 10 mL 乙腈、10 mL 甲醇、20 mL 去离子水，流经 C_{18} 小柱，让溶剂在小柱中停留 5 min 左右，使其完全浸润填料，以 2～3 mL/min 的流速流出。目的是除去填料中的杂质，使填料溶剂化，提高固相萃取的重现性。去离子水可使柱内 C_{18} 填料与水样充分接触。在放入大体积采样器之前，将萃取柱上的注射针管注满去离子水，以利于真空泵将水样抽入注射针桶内。

（三）水样的富集

在不超过 20 mmHg（1 mmHg＝133.3 Pa）的真空压力下（一般为 15 mmHg）让过平板膜后的水样通过小柱，流速控制在 5 mL/min，使待测物和部分杂质吸附并保留在固相萃取小柱上，水和基质穿过小柱流出。当水样过流时间较长时，可保持真空停泵，以维护真空泵。进行此项操作的前提是真空多歧管装置的调节阀门处于关闭状态。

（四）柱的净化干燥

水样过滤结束后应选用合适的清洗剂清洗小柱，所选用的清洗剂应能将杂质清洗下来，而将待测物保留在小柱中，一般选择用去离子水。去离子水清洗后应真空干燥小柱 5 min，以除去柱中的残余水分。

（五）分析物的洗脱和收集

水样经过 C_{18} 小柱过滤后，里面的甾体类雌激素被吸附在小柱内的填料上，因此应该选用合适的洗脱剂将其洗脱下来。这一步骤的目的是将分析物完全洗脱并收集在最小体积的级分中，同时使杂质尽可能多地留在固相萃取柱上。选择合适的洗脱剂乙腈，分 3 次洗脱，每次 3 mL，让洗脱剂在柱中停留 1 min 之后以一定的流速将分析物洗脱下来，收集在离心管中，洗脱时启动真空泵。

（六）洗脱液的除水干燥

将收集到的洗脱液转移到装有无水 Na_2SO_4 的容量瓶中，放置隔夜。

(七)浓缩和定容

将脱水后的洗脱液转移到 K-D 浓缩瓶中,用高纯 N_2 缓慢吹干,乙腈定容至 1 mL,保存待测。

(八)固相萃取实验

以自来水为例进行固相萃取实验。

五、创新思考

设计并完成典型有机物的萃取步骤,参考实验步骤将设计步骤与方法整理成报告。

实验九　汽车尾气中 NO_x、CO、CH_x 的检测

一、实验目的

(1)通过检测判定汽车发动机燃烧是否达到正常状态。

(2)学会使用汽油车尾气分析仪在急速和高急速的情况下对汽油车排气中的 CO 和碳氢化合物浓度(体积分数)进行测量。

二、实验原理

汽油车急速检测的主要内容是尾气中 CO 和碳氢化合物(以下简称 HC)的体积分数,一般采用汽油车尾气四气(或五气)分析仪。对 CO 和 HC 的体积分数检测均为不分光红外法。其基本原理是根据物质分子吸收红外辐射的物理特性,利用红外线分析测量技术确定物质的浓度。

三、实验仪器和试剂

汽油车尾气四气(或五气)分析仪,受检车辆或发动机(不同型号)。必要时在发动机上安装转速针、点火正时仪、冷却水和润滑油测温计等测试仪器。

四、实验步骤及注意事项

(一)急速检测

(1)发动机由急速工况加速至 0.7 额定转速,维持 60 s 后降至急速状态。

(2)发动机降至急速状态后,将取样探头插入排气管中,深度等于 400 mm,并固定于排气管上。

(3)发动机在急速状态维持 15 s 后开始读数,读取 30 s 内最高值和最低值,其平均值即为测量结果。尾气分析仪的操作参考使用手册。

(4)若为多排气管,取各排气管结果的算术平均值。

(二)高急速检测

(1)发动机由急速工况加速至 0.7 额定转速,维持 60 s 后降至高急速(即 0.5 额定转速)。

(2)发动机降至高急速状态后,将取样探头插入排气管中,深度等于 400 mm,并固定于排气管上。

(3)发动机在高急速状态维持 15 s 后开始读数,读取 30 s 内最高值和最低值,其平均值即为高急速排放测量结果。

（4）发动机从高怠速状态降至怠速状态，在怠速状态维持 15 s 后开始读数，读取 30 s 内最高值和最低值，其平均值即为测量结果。

（5）若为多排气管，分别取各排气管高怠速排放测量结果的平均值和怠速排放量结果的平均值。

五、实验数据记录与处理

表 1　汽油车怠速污染物测量记录

尾气分析仪型号：＿＿＿＿＿＿＿＿＿＿＿＿＿

转速仪型号：＿＿＿＿＿＿＿　点火正时仪型号：＿＿＿＿＿＿＿

大气压力：＿＿＿＿＿＿＿　大气温度：＿＿＿＿＿＿＿

实验地点：＿＿＿＿＿＿　实验人员：＿＿＿＿＿＿＿　实验日期：＿＿＿＿＿＿＿

序号	车(机)型	车(机)号	转速/(r/min)	点火提前角/°	CO 体积分数/%			HC 体积分数/10^{-6}			NO_x 体积分数/10^{-10}		
					最高值	最低值	平均值	最高值	最低值	平均值	最高	最低	平均

六、创新思考

（1）根据本实验的结果，各监测车辆（或发动机）是否达标？

（2）双怠法为何不能反映实际运行工况下的机动车排放？替代的排放检测方法是什么？

实验十　十体碱基对(A-T)DNA 的分子动力学模拟

一、实验目的

(1)了解分子动力学基本原理和用途。
(2)学习气相和显式水溶剂模型下的分子动力学模拟方法。
(3)学习分子动力学模拟结果常规分析方法。

二、实验原理

(一)分子动力学基本原理和用途简介

分子动力学模拟(molecular dynamics simulation)是研究体系中所有粒子的运动状态随时间的演变。在一定的统计力学系综下,通过对相空间取系综平均(时间平均),获得体系的物理性质和化学性质。原则上,量子化学从头算、半经验方法、密度泛函理论、分子力学模拟等均可以用于分子动力学模拟,本实验只讨论基于分子力学模型的分子动力学模拟。分子动力学模拟涉及时间信息,可用于研究原子、分子层次的动态行为,如材料的表面吸附、生物分子(蛋白质、酶、核酸等)的构效关系、离子的通道迁移等众多物理和化学过程。

(二)分子动力学模拟的基本流程

分子动力学模拟的基本流程如下:
(1)根据研究问题建立合适的理论模型体系;
(2)确定模型体系的初态,包括离子的坐标参数、速度分布、环境状态等;
(3)为模型体系指定合适的力场参数;
(4)求解运动方程,直到体系处于平衡状态;
(5)从平衡态出发,继续求解运动方程(根据粒子当前的位置、速度、受力等信息,通过求解牛顿方程获取粒子在下一时刻的位置、速度、受力等信息),记录粒子的运动轨迹信息;
(6)对轨迹数据进行统计分析。

三、实验步骤与结果讨论

本实验以一个 A-T 碱基对十体构成的 DNA 分子为研究对象,利用 Amber16 软件分别在气相和液相两种模型下对其进行分子动力学模拟,并对实验结果进行分析讨论。实验所涉及的主要工具包括分子动力学软件包 Amber16(含 AmberTools)和图形显示工具 VMD。关于两款软件的介绍和更多使用细节,可自行至官网(http://ambermd.org/和 http://www.ks.uiuc.edu/Research/vmd/)进行查询。

利用 Amber 软件进行分子动力学模拟需要 3 个文件：

（1）参数拓扑文件（prmtop：parameter 和 topology 的联合缩写）：包含模型体系（研究对象）的力场参数设置和原子在空间中的拓扑关系。

（2）坐标输入文件（inpcrd/rst）：包含原子坐标信息及可能存在的速度与周期性边界条件参数。如果以 inpcrd 文件作为输入，则表示当前的分子动力学模拟是一次全新的开始；若以 rst 作为输入，则表示以上一次计算结果的原子坐标输出作为本次计算的坐标输入（新版本 Amber 软件对两种格式文件未进行严格区分）。

（3）动力学参数文件（mdin）：包含进行动力学模拟所需的控制变量和参数。

本实验主要包含 4 个步骤，即模型体系初始结构搭建、能量最小化、体系升温、分子动力学模拟。为了便于快速了解实验流程，现将各步骤所需的实验输入文件和实验结果输出列于表 1，并就各流程进行具体介绍。

表 1　分子动力学模拟一般流程的实验输入和输出

实验步骤	实验输入	实验输出	实验程序
模型体系初始结构搭建	手动搭建或载入晶体结构	prmtop、inpcrd	tleap
能量最小化	prmtop、inpcrd、mdin1*	mdout1、rst1	sander
体系升温	prmtop、rst1、mdin2	mdout2、rst2	sander
分子动力学模拟	prmtop、rst2、mdin3	mdout3、rst3	sander

*数字仅用于区分 mdin、mdout、rst 文件。

（一）模型体系初始结构搭建

模型体系初始结构搭建通常有两种方式：（1）利用现有实验数据；（2）手动搭建。对于尺度庞大的研究对象，手动搭建无法保证构象的合理性，常采用已有的实验数据。对于蛋白质，可采用 X 射线晶体衍射数据库 Protein Data Bank（PDB）或多维核磁共振数据库 Cambridge Structural Database；对于核酸分子，可采用 Nucleic Acid Database。由于本实验模型的尺度较小，仅由 10 对碱基组成的双螺旋 DNA，因此选择利用 nab 程序进行手动搭建的方式。

1. 模型体系初始结构手动搭建（生成 PDB 格式的结构文件）

由于分子动力学计算常在 Linux 系统中进行，本实验操作均以 CentOS7 操作系统为准，并假定 Amber16（含 AmberTools）已完成安装。

（1）利用 Linux 操作系统的 vi 编辑器生成名为 nuc. nab 的文件（行首均无空格）

```
molecule m;
m = fdhelix("abdna","aaaaaaaaaa","dna");
putpdb("nuc.pdb",m,"-wwpdb");
```

（2）执行 nab 程序，生成模型体系 PDB 格式的坐标文件

```
nabnuc.nab
./a.out
```

完成上述两个命令，即可在执行目录下生成 nuc. pdb 文件。该文件包含的原子坐标信息即是我们所需的模拟体系初始构象。

2. 生成 prmtop 和 inpcrd 文件

利用生成的 nuc.pdb 文件和 Amber 内置的力场参数,借助 AmberTools 中的 tleap 程序,生成后续实验所需的 prmtop 和 inpcrd 文件。

(1)调用 tleap 程序和 DNA 相应分子力场

tleap -s -f $ AMBERHOME/dat/leap/cmd/leaprc.DNA.bsc1

调用过程如图 1 所示。

```
[root@bogon tutorial-B1]# tleap -s -f $AMBERHOME/dat/leap/cmd/leaprc.DNA.bsc1
-I: Adding /opt/amber16/dat/leap/prep to search path.
-I: Adding /opt/amber16/dat/leap/lib to search path.
-I: Adding /opt/amber16/dat/leap/parm to search path.
-I: Adding /opt/amber16/dat/leap/cmd to search path.
-s: Ignoring startup file: leaprc
-f: Source /opt/amber16/dat/leap/cmd/leaprc.DNA.bsc1.

Welcome to LEaP!
Sourcing: /opt/amber16/dat/leap/cmd/leaprc.DNA.bsc1
Log file: ./leap.log
Loading parameters: /opt/amber16/dat/leap/parm/parm10.dat
Reading title:
PARM99 + frcmod.ff99SB + frcmod.parmbsc0 + OL3 for RNA
Loading library: /opt/amber16/dat/leap/lib/parmBSC1.lib
Loading parameters: /opt/amber16/dat/leap/parm/frcmod.parmbsc1
Reading force field modification type file (frcmod)
Reading title:
Parmbsc1 force-field for DNA
```

图 1　tleap 程序和 DNA 相应分子力场调用

(2)调用三角水分子力场参数

sourceleaprc.water.tip3p

水分子力场参数调用如图 2 所示。

```
> source leaprc.water.tip3p
----- Source: /opt/amber16/dat/leap/cmd/leaprc.water.tip3p
----- Source of /opt/amber16/dat/leap/cmd/leaprc.water.tip3p done
Loading library: /opt/amber16/dat/leap/lib/atomic_ions.lib
Loading library: /opt/amber16/dat/leap/lib/solvents.lib
Loading parameters: /opt/amber16/dat/leap/parm/frcmod.tip3p
Reading force field modification type file (frcmod)
Reading title:
This is the additional/replacement parameter set for SPC/E water
Loading parameters: /opt/amber16/dat/leap/parm/frcmod.ionsjc_tip3p
Reading force field modification type file (frcmod)
Reading title:
Monovalent ion parameters for Ewald and TIP3P water from Joung & Cheatham JPCB (2008)
Loading parameters: /opt/amber16/dat/leap/parm/frcmod.ions234lm_126_tip3p
Reading force field modification type file (frcmod)
Reading title:
Li/Merz ion parameters of divalent to tetravalent ions for TIP3P water model (12-6 normal usage set)
```

图 2　水分子力场参数

(3)将 nuc.pdb 文件载入变量 dna 单元

dna = loadpdb "nuc.pdb"

将 nuc.pdb 文件载入变量 dna 单元,如图 3 所示。

```
> dna = loadpdb "nuc.pdb"
Loading PDB file: ./nuc.pdb
  total atoms in file: 638
```

图 3　将 nuc.pdb 文件载入变量 dna 单元

（4）将 dna 单元保存成气相条件下的参数拓扑（polyAT_vac. prmtop）和坐标输入文件（polyAT_vac. inpcrd）

saveamberparmdnapolyAT_vac. prmtoppolyAT_vac. inpcrd

参数拓扑文件和坐标输入文件的生成如图 4 所示。由于执行该命令之前并未对模拟体系使用溶剂化模型，因此体系为气相条件。

```
> saveamberparm dna polyAT_vac.prmtop polyAT_vac.inpcrd
Checking Unit.
WARNING: The unperturbed charge of the unit: -18.000000 is not zero.

  -- ignoring the warning.

Building topology.
Building atom parameters.
Building bond parameters.
Building angle parameters.
Building proper torsion parameters.
Building improper torsion parameters.
 total 110 improper torsions applied
Building H-Bond parameters.
Incorporating Non-Bonded adjustments.
Not Marking per-residue atom chain types.
Marking per-residue atom chain types.
 (no restraints)
```

图 4 生成参数拓扑文件和坐标输入文件

（5）为模型添加抗衡离子（Na^+），模拟中性溶剂环境

addionsdna Na + 0

从图 4 可知，体系的总净电荷为 -18，为模拟中性溶剂环境，为模型添加抗衡 Na^+ 用以中和过量的负电荷，如图 5 所示。

```
> addions dna Na+ 0
18 Na+ ions required to neutralize.
Adding 18 counter ions to "dna" using 1A grid
Grid extends from solute vdw + 3.65  to  9.75
Resolution:      1.00 Angstrom.
grid build: 0 sec
 (no solvent present)
Calculating grid charges
charges: 0 sec
Placed Na+ in dna at (6.44, 3.95, 17.79).
Placed Na+ in dna at (5.44, -5.05, 10.79).
Placed Na+ in dna at (-10.56, 5.95, 13.79).
Placed Na+ in dna at (-10.56, -6.05, 19.79).
Placed Na+ in dna at (-1.56, 11.95, 9.79).
Placed Na+ in dna at (-10.56, -4.05, 6.79).
Placed Na+ in dna at (-6.56, 4.95, 27.79).
Placed Na+ in dna at (11.44, -8.05, 22.79).
Placed Na+ in dna at (0.44, -12.05, 13.79).
Placed Na+ in dna at (11.44, 7.95, 10.79).
Placed Na+ in dna at (1.44, 11.95, 19.79).
Placed Na+ in dna at (10.44, -9.05, 4.79).
Placed Na+ in dna at (-7.56, 7.95, -0.21).
Placed Na+ in dna at (-11.56, -8.05, 27.79).
Placed Na+ in dna at (13.44, 1.95, 24.79).
Placed Na+ in dna at (-2.56, -12.05, 23.79).
Placed Na+ in dna at (-10.56, 8.95, 21.79).
Placed Na+ in dna at (13.44, 0.95, 3.79).

Done adding ions.
```

图 5 为模型添加抗衡离子（Na^+）

（6）为模型添加显式水溶剂

solvateoctdna TIP3PBOX 8.0

为了模拟水溶剂环境,对模型添加显式水溶剂,如图 6 所示。

```
> solvateoct dna TIP3PBOX 8.0
Scaling up box by a factor of 1.368620 to meet diagonal cut criterion
    Solute vdw bounding box:               27.987 26.927 38.921
    Total bounding box for atom centers:   60.819 60.819 60.819
        (box expansion for 'iso' is  51.9%)
    Solvent unit box:                      18.774 18.774 18.774
    Volume: 118123.162 A^3 (oct)
    Total mass 61286.376 amu,  Density 0.862 g/cc
    Added 3044 residues.
```

图 6   为模型添加显式三角水溶剂

(7)将 dna 单元保存成液相条件下的参数拓扑(polyAT_wat. prmtop)和坐标输入文件(polyAT_wat. inpcrd)

saveamberparmdnapolyAT_wat. prmtoppolyAT_wat. inpcrd

将 dna 单元保存成液相条件下的参数拓扑和坐标输入文件,如图 7 所示。

```
> saveamberparm dna polyAT_wat.prmtop polyAT_wat.inpcrd
Checking Unit.
Building topology.
Building atom parameters.
Building bond parameters.
Building angle parameters.
Building proper torsion parameters.
Building improper torsion parameters.
 total 110 improper torsions applied
Building H-Bond parameters.
Incorporating Non-Bonded adjustments.
Not Marking per-residue atom chain types.
Marking per-residue atom chain types.
 (Residues lacking connect0/connect1 -
  these don't have chain types marked:

      res     total affected

      WAT     3044
 )
(no restraints)
```

图 7   将 dna 单元保存成参数拓扑和坐标输入文件

(8)退出 tleap 程序

quit

如果上述命令均正常结束,此时可以利用图形显示工具 VMD 查看手动搭建的模型体系初始结构,分别载入 prmtop 和 inpcrd(或 nuc. pdb 文件),左键单击 VMD 的图形显示界面进行拖动,此操作可以转动 DNA 分子,便于从不同角度进行观察(图 8)。至此,完成了由 10 个 A-T 碱基对组成的双螺旋 DNA 模型的初始结构搭建。

图 8   气相(左、中,不同视角)和液相(右)条件下的 A-T 碱基对十体 DNA 分子模型初始结构示意图
为了便于观察,气相示意图中的氢原子并未显示

(二)气相模型的分子动力学模拟

由于模型搭建的初始结构未必是势能面极小值,并且体系中的原子在空间中可能存在物理碰撞,在进行分子动力学模拟之前,有必要对体系进行能量最小化。

1. 能量最小化

(1)生成动力学参数控制文件

进行能量最小化除了需要生成的 prmtop 和 inpcrd 文件外,还需要一个动力学参数控制输入文件。利用 Linux 操作系统的 vi 编辑器生成名为 polyAT_vac_init_min. in 的文件,文件内容如下(第 3～8 行行首均有 1 个空格):

```
polyA - polyT 10 - mer：initial minimization prior to MD
&cntrl
 imin   = 1,
 maxcyc = 500,
 ncyc   = 250,
 ntb    = 0,
 igb    = 0,
 cut    = 12
```

该文件内容基本释义如下:

首行是文件内容的文本注释。

&cntrl:控制变量符,表示后面要输入控制变量。

imin:能量最小化功能开关,"0"表示关闭,"1"表示打开。

maxcyc 和 ncyc:表示最陡下降法和共轭梯度法的步数。本例表示利用最陡下降法进行能量最小化搜索 250 步(ncyc),再切换到共轭梯度法进行 250 步(maxcyc-ncyc)。

ntb:周期性边界条件开关,"0"表示关闭周期性边界条件。

igb:是否采用 generalized Born 参数,"0"表示不使用。

cut:非键相互作用截断值,单位 Å。

(2)执行能量最小化

sander -O -i polyAT_vac_init_min. in -c polyAT_vac. inpcrd -p polyAT_vac. prmtop -o polyAT_vac_init_min. out -r polyAT_vac_init_min. rst&

sander:分子动力学程序。

-O:覆盖所有输出文件。

-i:动力学参数输入文件。

-c:坐标输入文件。

-p:拓扑输入文件。

-o:输出文件(包含能量等信息)。

-r:坐标输出文件(能量最小化结束时最后一个构象的坐标)。

&:后台计算符,让能量最小化计算在后台运行。

(3)生成 PDB 文件,查验能量最小化构象

ambpdb -p polyAT_vac. prmtop -c polyAT_vac_init_min. rst> polyAT_vac_init_min. pdb

利用 VMD 软件查验能量最小化的结构(polyAT_vac_init_min.pdb)是否合理。

2. 分子动力学模拟

接下来进行气相模型的分子动力学模拟。

(1)生成动力学参数控制文件

进行分子动力学模拟除了需要生成的 prmtop 文件和 rst 文件外,还需要一个动力学参数控制输入文件。利用 Linux 操作系统的 vi 编辑器生成名为 polyAT_vac_md1_12Acut.in 的文件,文件内容如下(第3~8行行首均有1个空格):

```
10-mer DNA MD in-vacuo,12 angstrom cut off
&cntrl
 imin = 0,ntb = 0,
 igb = 0,ntpr = 100,ntwx = 100,
 ntt = 3,gamma_ln = 1.0,
 tempi = 300.0,temp0 = 300.0,
 nstlim = 100000,dt = 0.001,
 cut = 12.0
/
```

该文件内容基本释义如下:

ntpr:输出文件(mdout)打印频率,即每 100 步向 mdout 文件中写入一次计算结果。

ntwx:动力学轨迹文件输出频率,即每 100 步向 trajectory 文件写入一次计算结果。

ntt:体系温度控制方法。ntt=3 表示采用 Langevin thermostat 方法维持体系温度。

gamma_ln:碰撞频率因子,通过 Langevin thermostat 方法共同实现体系温度调控。

tempi:体系始态温度,单位 K。

temp0:体系终态温度,单位 K。

nstlim:分子动力学计算步数。

dt:分子动力学时间步长,单位飞秒(fs)。本例分子动力学共计模拟时长为 nstlim * dt,即 100 000×0.001=100 ps。注:1 ps=1 000 fs。

(2)执行分子动力学模拟

sander -O -i polyAT_vac_md_12Acut.in -o polyAT_vac_md_12Acut.out -c polyAT_vac_init_min.rst -p polyAT_vac.prmtop -r polyAT_vac_md_12Acut.rst -x polyAT_vac_md_12Acut.nc &

本条命令需要 3 个输入文件,产生 3 个输出文件。

①3 个输入文件

-i:动力学参数控制文件(上一步刚刚使用 vi 编辑器生成)。

-p:拓扑文件。

-c:能量最小化终态构象的坐标文件(来自上面的计算)。

②3 个输出文件

-o:分子动力学计算的输出文件(mdout)。

-r:坐标输出文件(分子动力学结束时最后一个构象的坐标)。

-x:分子动力学轨迹文件。

3. 结果与讨论

（1）绘制势能曲线

process_mdout. perl polyAT_vac_md1_12Acut. out

process_mdout. perl 是用来处理动力学输出结果的脚本工具，可以在 Amber 官网的算例教程中下载。执行该命令后，会生成一系列结果文件（图 9），其中 summary. EPTOT 表示体系势能随时间的变化情况，可以借助 Origin 或 Excel 等绘图软件进行体系势能曲线的绘制，如图 10 所示。体系势能保持相对平稳，没有大幅波动或弹跳，表明模型未发生较显著的构象变化，双螺旋结构保持完好。

图 9　利用 perl 脚本处理分子动力学结果产生的部分输出文件

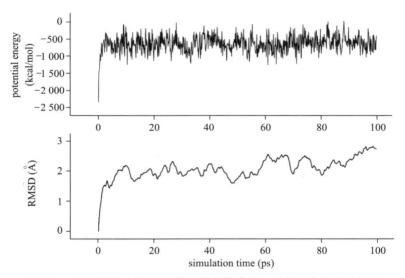

图 10　A-T 碱基对十体 DNA 体系的势能曲线（上）和均方根偏差（下）

（2）绘制均方根偏差（root mean square deviation，RMSD）。

①生成计算 RMSD 所需的输入文件

利用 Linux 操作系统的 vi 编辑器生成名为 polyAT_vac_md_12Acut. calc_rms 的文件，文件内容如下（行首均无空格）：

trajin polyAT_vac_md_12Acut. nc

rms first mass out polyAT_vac_md_12Acut. rms time 0. 1

②计算 RMSD

cpptraj -p polyAT_vac. prmtop -i polyAT_vac_md_12Acut. calc_rms

RMSD 的计算结果保存在 polyAT_vac_md_12Acut. rms 文件中，借助 Origin 或 Excel

等绘图软件进行 RMSD 曲线的绘制,如图 10 所示。RMSD 主要用来描述体系原子在分子动力学模拟过程中偏离初始位置的程度。图 10 的 RMSD 有趋于平稳的趋势,表明体系的构象未发生显著变化,逐渐向平衡态过渡。

(3)观察分子动力学轨迹

利用 VMD 软件,分别载入拓扑(polyAT_vac. prmtop)和轨迹文件(polyAT_vac_md_12Acut. nc)。观察 100 ps 时间内 DNA 体系的运动情况。经过 100 ps 的运动,DNA 的双螺旋结构保持较好(图 8)。重复上述实验,仅改变非键相互作用的截断值,即将"分子动力学模拟"中的 cut 值由 12 变为 999 Å,即在动力学模拟时,考虑所有范围内的非键相互作用。该条件下的动力学轨迹显示,DNA 双螺旋发生了解聚,详见创新思考(1)。

(三)液相模型的分子动力学模拟

考虑显式水溶剂和周期性边界条件的液相模型,其分子动力学各步骤消耗机时均有明显增加。与气相模型相比,液相模型的分子动力学模拟除了包含能量最小化和分子动力学步骤以外,在两个步骤之间增加了一个体系升温过程。

1. 能量最小化

液相模型的能量最小化包括两个环节:固定 DNA 保持不动,仅优化水分子和抗衡离子;优化整个体系。

(1)固定 DNA 保持不动,仅优化水分子和抗衡离子

与气相模型相比,液相模型考虑了溶剂化和抗衡离子效应。这些物质的初始位置可能与 DNA 分子产生空间物理碰撞,有必要对它们的位置进行能量最小化优化。

①生成能量最小化参数控制文件

与气相模型类似,进行能量最小化除了需要生成的 prmtop 文件和 inpcrd 文件外,还需要一个能量最小化参数控制输入文件。利用 Linux 操作系统的 vi 编辑器生成名为 polyAT_wat_min1. in 的文件,文件内容如下(第 3～8 行行首均有 1 个空格):

```
polyA-polyT 10-mer：initial minimization solvent + ions
&cntrl
 imin  = 1,
 maxcyc = 1000,
 ncyc   = 500,
 ntb    = 1,
 ntr    = 1,
 cut    = 10. 0
/
Hold the DNA fixed
500. 0
RES 1 20
END
END
```

该文件内容基本释义如下:

ntr:打开基于"GROUP"的位置约束功能。

Hold the DNA fixed 至首个 END:该四行命令表明了基于"GROUP"的位置约束具体内容。本示例表示对 1～20 号残基(DNA 分子由 A-T 碱基对十体组成,共计 20 个残基)施加 500 kcal/(mol · Å²)的作用力,约束 DNA 分子保持在初始位置上。

其他命令行释义请参阅气相模型。

②执行能量最小化

sander -O -i polyAT_wat_min1. in -o polyAT_wat_min1. out -p polyAT_wat. prmtop -c polyAT_wat. inpcrd -r polyAT_wat_min1. rst -ref polyAT_wat. inpcrd &

本条命令包括 4 个输入文件和 2 个输出文件。

a. 4 个输入文件

-i:参数控制文件(上一步刚刚使用 vi 编辑器生成)。

-p:拓扑文件。

-c:坐标输入文件(来自初始模型的构建)。

-ref:位置约束参照文件,即参照该文件中的 DNA 位置进行受力约束。

b. 2 个输出文件

-o:能量最小化的输出文件。

-r:体系终态的坐标输出文件(能量最小化结束时最后一个构象的坐标)。

(2)优化整个体系

①生成能量最小化的参数控制文件

利用 Linux 操作系统的 vi 编辑器生成名为 polyAT_wat_min1. in 的文件,文件内容如下(第 3～8 行行首均有 1 个空格):

```
polyA-polyT 10-mer: initial minimization whole system
&cntrl
 imin   = 1,
 maxcyc = 2500,
 ncyc   = 1000,
 ntb    = 1,
 ntr    = 0,
 cut    = 10. 0
/
```

②执行能量最小化

sander -O -i polyAT_wat_min2. in -o polyAT_wat_min2. out -p polyAT_wat. prmtop -c polyAT_wat_min1. rst -r polyAT_wat_min2. rst &

注意:本条命令的坐标输入来自(1)的计算结果输出(polyAT_wat_min1. rst)。

③生成 PDB 文件,查验能量最小化构象

ambpdb -p polyAT_wat. prmtop -c polyAT_wat. inpcrd ＞ polyAT_wat. pdb

ambpdb -p polyAT_wat. prmtop -c polyAT_wat_min2. rst ＞ polyAT_wat_min2. pdb

利用 VMD 软件比较能量最小化优化前后的结构,如图 11 所示。

2. 体系升温

为了模拟真实的物理环境,需要对模型从 0 K 升温至 300 K。为了避免升温过程中来自溶质分子的扰动,参照能量最小化位置约束的方法,对 DNA 分子进行一个较弱的受力约束。为了有效减少体系升温带来的巨大时间消耗,对溶剂分子的氢原子施加"SHAKE"规则,用以延长升温过程的时间步长。

(1)生成体系升温参数控制文件

利用 Linux 操作系统的 vi 编辑器生成名为 polyAT_wat_md1.in 的文件,文件内容如下(第 3~16 行行首均有 1 个空格):

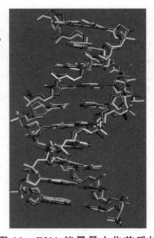

图 11　DNA 能量最小化前后的构象对比
━始态,━终态

```
polyA-polyT 10-mer: 20ps MD with res on DNA
&cntrl
 imin    = 0,
 irest   = 0,
 ntx     = 1,
 ntb     = 1,
 cut     = 10.0,
 ntr     = 1,
 ntc     = 2,
 ntf     = 2,
 tempi   = 0.0,
 temp0   = 300.0,
 ntt     = 3,
 gamma_ln = 1.0,
 nstlim  = 10000, dt = 0.002
 ntpr = 100, ntwx = 100, ntwr = 1000
/
Keep DNA fixed with weak restraints
10.0
RES 1 20
END
END
```

该文件内容基本释义如下:

irest=0,ntx=1:只读取 rst 文件中的坐标。根据玻尔兹曼分布随机生成原子的初始速度。

ntc、ntf:对溶剂氢原子施加"SHAKE"规则。

其他命令行释义请参阅气相模型的分子动力学参数控制文件。

(2)执行体系升温

sander -O -i polyAT_wat_md1.in -o polyAT_wat_md1.out -p polyAT_wat.prmtop -c polyAT_wat_min2.rst -r polyAT_wat_md1.rst -x polyAT_wat_md1.nc -ref polyAT_wat_ min2. rst &

3. 分子动力学模拟

(1)生成分子动力学参数控制文件

利用 Linux 操作系统的 vi 编辑器生成名为 polyAT_wat_md2.in 的文件,文件内容如下(第 3~11 行行首均有 1 个空格):

```
polyA-polyT 10-mer：100ps MD
&cntrl
 imin = 0,irest = 1,ntx = 7,
 ntb = 2,pres0 = 1.0,ntp = 1,
 taup = 2.0,
 cut = 10.0,ntr = 0,
 ntc = 2,ntf = 2,
 tempi = 300.0,temp0 = 300.0,
 ntt = 3,gamma_ln = 1.0,
 nstlim = 50000,dt = 0.002,
 ntpr = 100,ntwx = 100,ntwr = 1000
 /
```

该文件内容基本释义如下:

ntb＝2:采用恒压条件下的周期性边界条件。

pres0＝1:体系压强维持在 1 个大气压。

ntp＝1:采用各向同性位置标度规则。

taup＝2.0:维持体系大气压的松弛时间为 2 ps。

其他命令行释义请参阅气相模型的分子动力学参数控制文件。

(2)执行分子动力学模拟

sander -O -i polyAT_wat_md2. in -o polyAT_wat_md2. out -p polyAT_wat. prmtop -c polyAT_wat_md1. rst -r polyAT_wat_md2. rst -x polyAT_wat_md2. nc &

4. 结果与讨论

(1)绘制时间相关参数图

与气相模型类似,利用 process_mdout. perl 脚本对分子动力学的输出文件(polyAT_wat_md1. out、polyAT_wat_md2. out)进行处理,得到一系列随时间变化的物理参数,如体系的能量、温度、压强、体积、密度、RMSD。利用 Origin 或 Excel 等绘图软件,以模拟时间为横轴,目标参数为纵轴,即可绘制相应的物理参数随时间的变化曲线。图 12 给出了体系的温度和密度随时间的变化曲线。体系温度在较短时间由 0 K 升至 300 K,并一直保持在 300 K 左右。体系的密度在 0~20 ps 没有数值。原因是升温过程采取的恒容周期性边界条件,体积信息未输出到该条件相应计算结果中。20 ps 以后采用了恒压周期性边界条件,体系的密度逐步增加,并保持在 1.05 g/cm³。

(2)观察分子动力学轨迹

利用 VMD 软件,分别载入拓扑(polyAT_wat. prmtop)和轨迹文件(polyAT_wat_md1. nc、polyAT_wat_md2. nc)。观察 120 ps 时间内 DNA 体系的运动情况。由于采用了

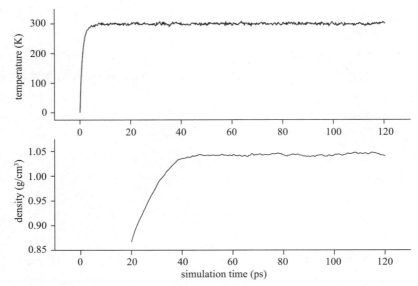

图 12　显式水溶剂 DNA 体系分子动力学模拟的温度和密度随时间的变化曲线

周期性边界条件,动力学过程中水分子可能跑到预设"盒子"之外,导致 VMD 无法正确显示轨迹实际运动情况。因此,需要对整个体系进行位置映射,使所有原子映射到初始预设"盒子"中。

①编写映射输入文件

利用 Linux 操作系统的 vi 编辑器生成名为 polyAT_wat_reimage. ptraj 的文件,文件内容如下(各行行首均无空格):

```
trajin polyAT_wat_md1. nc
trajin polyAT_wat_md2. nc
trajout polyAT_wat_md_reimaged. nc
center :1-20
image familiar
go
```

该文件指定将两条动力学轨迹整合到名为 polyAT_wat_md_reimaged. nc 的轨迹文件中,且所有原子映射到以 1~20 号残基为中心的"盒子"里。

②执行位置映射

```
cpptraj -p polyAT_wat. prmtop -i polyAT_wat_reimage. ptraj
```

至此完成了原子映射和轨迹整合。重新利用 VMD 软件载入 polyAT_wat_md_reim-aged. nc 轨迹,即可正确显示轨迹的实际运动情况。

四、创新思考

(1)重复分子动力学实验,仅改变非键相互作用的截断值,即将 cut 值由 12 变为 999 Å。这意味着在进行动力学模拟时,考虑所有范围内的非键相互作用。本次动力学轨迹结果如图 13 所示。该动力学轨迹显示,DNA 双螺旋结构在 100 ps 范围内发生了解聚,这与 cut=

12 的模拟结果截然不同。试分析哪个条件更能模拟实际的物理环境,哪个计算结果较为合理。

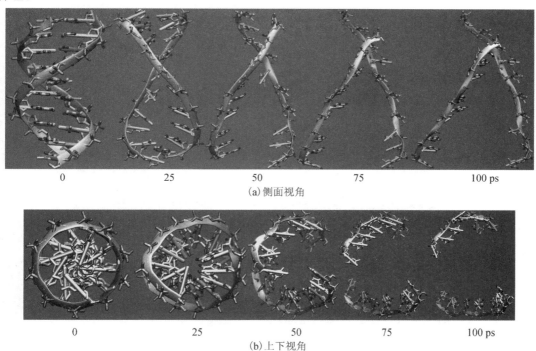

(a)侧面视角

(b)上下视角

图 13　无截断值条件下 DNA 分子在气相中的 100 ps 分子动力学轨迹

DNA 双螺旋结构发生了解聚,为了便于观察,体系中的氢原子没有显示

(2)本实验项目涉及统计力学、分子动力学、生物信息学、Linux 操作系统等众多学科相关概念和内容,如系综、周期性边界条件、溶剂化模型、Protein Data Bank、CentOS7 常用命令等。这部分内容理论专业性较强,内容繁杂,受限于篇幅,未能在文中一一详解。请自行参阅有关教材和理论书籍,避免"黑箱式"实验操作。

参考文献

[1] 王宝山,侯华.分子模拟实验[M].北京:高等教育出版社,2010:25-27.

[2] WALKER R,MUNSHI A,MANNAN S,et al. Simulating a DNA polyA-polyT Decamer[EB/OL]. http://ambermd. org/tutorials/basic/tutorial1/index. phpbilibili. com/video/av80777183.

第四章　仪器分析实验

实验一　总氮的测定——流动分析仪

一、实验目的

(1)掌握流动分析仪的基本结构和操作方法。
(2)了解流动分析仪定性定量的测定原理。

二、实验原理

样品在碱性介质和高温高压条件下,用过硫酸钾($K_2S_2O_8$)氧化,样品中无机氮和有机氮均被氧化为硝酸盐,硝酸盐经流动分析仪的铜-镉还原柱还原为亚硝酸盐,与磺胺-N(1-萘基)乙二胺盐酸盐反应生成红色络合物,在波长 550 nm 处测定。

三、实验仪器和试剂

(一)试剂及其配制

(1)甘氨酸($C_2H_5NO_2$)。

(2)EDTA 二钠盐($C_{10}H_{14}N_2O_8Na_2 \cdot 2H_2O$)。

(3)过硫酸钾($K_2S_2O_8$):称取 80.0 g $K_2S_2O_8$ 溶于 500 mL 水中,于 70~80 ℃水浴溶解后置于冰水浴中重结晶,过滤干燥。

(4)氧化剂:将 9.0 g NaOH 溶于 700 mL 水中,加入 40.0 g $K_2S_2O_8$,搅拌溶解,用水定容至 1 000 mL,贮于聚乙烯瓶中。室温下避光保存。

(5)镉粒。

(6)HCl 溶液(1+1)。

(7)$CaSO_4$ 溶液(20 g/L)。

(8)氯化铵缓冲溶液:称取 85.0 g NH_4Cl 溶于 1 L 水中,混匀,用 $NH_3 \cdot H_2O(\rho=0.90 \text{ g/mL})$

调节 pH 至 8.5 ± 0.1，再加入 0.5 mL Brij-35（聚氧乙烯十二烷基醚，$\omega=30\%$），混匀。

（9）铜-镉还原柱。

（10）显色剂：量取 150 mL H_3PO_4 溶于 100 mL 水中，加入 10 g 磺胺（$C_6H_8N_2O_2S$）和 0.5 g 盐酸萘乙二胺（$C_{12}H_{16}Cl_2N_2$），定容至 1 L。

（11）硝酸盐标准储备溶液（100.0 mg/L，以氮计）。

（12）硝酸盐标准使用溶液（10.00 mg/L，以氮计）。

（二）仪器及设备

（1）流动分析仪。

（2）高压蒸汽灭菌器：压力指标为 $0.11\sim0.14$ MPa，温度指标为 $120\sim124$ ℃。

（3）消化瓶：容积 $50\sim100$ mL，耐高温高压，带塞，厚壁瓶。

四、实验步骤及注意事项

（一）工作系列溶液的制备

硝酸盐标准溶液系列：取 7 个 50 mL 容量瓶，分别加入 0 mL、1.00 mL、2.00 mL、4.00 mL、6.00 mL、8.00 mL、10.00 mL 硝酸盐标准溶液，加水至标线，混匀。标准溶液系列的浓度分别为 0 mg/L、0.200 mg/L、0.400 g/L、0.800 mg/L、1.20 mg/L、1.60 mg/L、2.00 mg/L。

取硝酸盐标准溶液系列各 15 mL 于消化瓶中，加入 7.5 mL 氧化剂，混匀，旋紧瓶盖。按照下述步骤消化：

（1）把消化瓶置于高压蒸汽灭菌器中，120 ℃消化 30 min。自然冷却至压力表指示为"0"时，取出消化瓶，振荡。

（2）将消化瓶再次置于高压蒸汽灭菌器中，120 ℃消化 30 min。自然冷却至压力表指示为"0"时，取出，不再振荡，即为工作溶液系列。

（二）待测样品的前处理

移取 15.0 mL 水样于消化瓶中，加入 7.5 mL 氧化剂混匀，旋紧瓶盖。按上述（1）步骤处理，为待测溶液。

（三）系统安装与调试

（1）将仪器调整至最佳工作状态，检查系统是否流畅或漏液。

（2）用系统清洁液清洗管路，然后将泵管插入相应的试剂瓶中。

（3）在测试前整个系统先不经过铜-镉还原柱，通入试剂运行大约 10 min，然后经过铜-镉还原柱运行至试剂基线稳定后进行测定。

（四）样品测定

设定适宜的流动分析仪分析条件，测定工作溶液系列和经前处理的待测样品。如样品浓度超出标准曲线的浓度范围，则应进行稀释，重新测定。

五、数据记录与处理

水样中总氮浓度(以 N 计,mg/L),按照公式(1)进行计算:

$$\rho = \rho_1 \times f \tag{1}$$

式中,ρ——样品中总氮浓度,mg/L

ρ_1——由标准曲线查出的总氮浓度,mg/L;

f——样品稀释比。

表 1　水样中总氮浓度分析记录表

序号	站号	仪器测定值 ρ_1/(μg/L)			稀释倍数 f	样品浓度 ρ/(μg/L)
		1	2	平均		

六、创新思考

传统的测氮方法是什么?与流动分析仪测定仪法相比有什么优缺点?

实验二 气相色谱-质谱法测定土壤中的多环芳烃

一、实验目的

(1)掌握土壤中多环芳烃测定的前处理方法。

(2)了解气相色谱-质谱联用定性定量的测定原理。

(3)了解气相色谱-质谱联用的基本结构和操作方法。

二、实验原理

气相色谱-质谱(GC-MS)联用仪是将气相色谱和质谱通过接口连接成一个整体。气相色谱的强分离能力和质谱的结构鉴定能力结合在一起,使GC-MS联用技术成为挥发性复杂混合物定性和定量分析的重要手段。化合物的气态分子在电子流的轰击下失去电子,成为带正电荷的分子离子,并进一步裂解成一系列碎片离子(每种分子离子都有一定的裂解规律),经质谱仪分离及扫描便可获得相应的质谱图,并利用标准谱库进行检索和对照,实现对被测物的定性鉴别。GC-MS联用获得的总离子流色谱图(TIC)与气相色谱的流出曲线相当,每个峰的面积或峰高可作为定量分析的依据。

多环芳烃(polycyclic aromatic hydrocarbons,PAHs)是至少由两个苯环组成的碳氢化合物,其主要来源于煤、石油和生物质的不完全燃烧。由于燃烧无处不在,因此PAHs广泛分布在水、土壤和空气中,甚至在北极地区也被检测到。尽管PAHs的种类有数百种,但目前主要受关注的是美国环境保护署(US Environmental Protection Agency,USEPA)选择的16种优先控制的PAHs。这16种PAH(图1)常被列为各国环境监测对象,事实上亦已成为全球标准。本实验采用GC-MS方法定性和定量分析土壤中的16种PAHs。

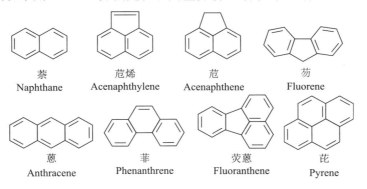

萘	苊烯	苊	芴
Naphthane	Acenaphthylene	Acenaphthene	Fluorene

蒽	菲	荧蒽	芘
Anthracene	Phenanthrene	Fluoranthene	Pyrene

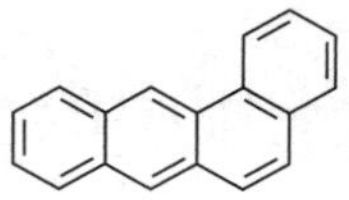

图 1　美国环境保护署列出的 16 种优先控制的 PAHs 的分子结构、中英名称

苯并[a]蒽　Benzo(a)anthracene 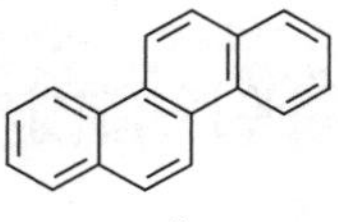
䓛　Chrysene 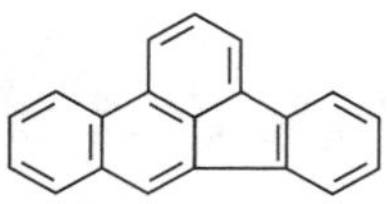
苯并[b]荧蒽　Benzo(b)fluoranthene

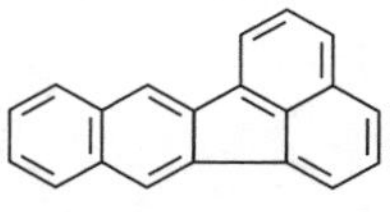

苯并[k]荧蒽　Benzo(k)fluoranthene 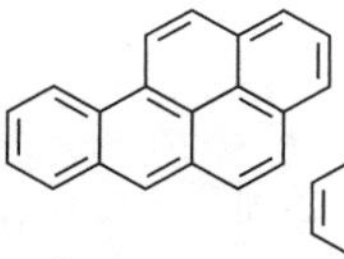
苯并[a]芘　Benzo(a)pyrene 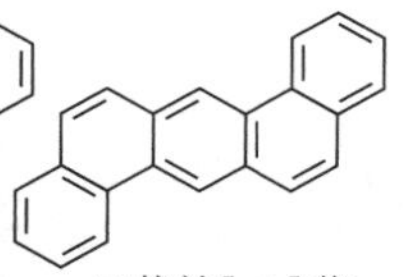
二苯并[a,h]蒽　Dibenzo(a, h)anthracene

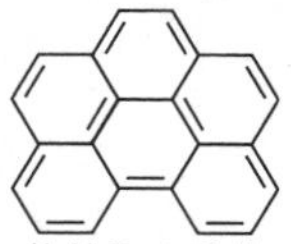

苯并[g,h,i]苝　Benzo(g,h,i)perylene
茚并[1,2,3-cd]芘　Indeno(1,2,3-cd)pyrene 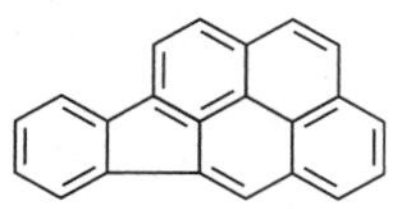

三、实验仪器和试剂

GC-MS 分析仪(Shimadzu,GC-MS-QP2010 Plus,日本),高纯 He(99.999%),自动进样器,冻干机,电子天平,高速离心机,旋转蒸发仪,氮吹仪,100 μL 注射剂,50 mL PP 离心管,洗脱管(或鸡心瓶),弗罗里硅土 SPE 净化柱,铜粉,无水 Na$_2$SO$_4$,正己烷,二氯甲烷,滴管。

四、实验步骤及注意事项

(一) 样品前处理方法

1. 萃取

土壤样品经冻干机冷冻干燥后,准确称取 2.000 0 g($\pm$0.001)至 50 mL PP 离心管内,用 100 μL 注射剂加入 50 μL 100 μg/L 的 PAHs 替代物(内含苊-d$_{10}$、菲-d$_{10}$、䓛-d$_{12}$、苝-d$_{12}$),置于 4 ℃冰箱中过夜以待溶剂充分吸收。称取 5 g 无水 Na$_2$SO$_4$ 和 0.5 g 活化铜粉,加入离心管内,加入 20 mL 1:1 二氯甲烷-正己烷,35 ℃下超声波辅助萃取 15 min 后以 3 500 r/min 的速率离心,转移上清液至洗脱管内。重复上述步骤,合并两次萃取液,旋转蒸发浓缩至 1～2 mL,待 SPE 柱净化。

2. SPE 柱净化

称取 5 g 无水 Na$_2$SO$_4$ 置于硅胶柱(或弗罗里柱)内用于除水,依次用 10 mL 的二氯甲烷和正己烷清洗 SPE 柱后上样,用 20 mL 1:1 二氯甲烷-正己烷洗脱,控制流速 2 mL/min 左右,收集洗脱液。将洗脱液旋转蒸发至 4 mL,将溶剂替换成正己烷后旋蒸至 1 mL,用氮吹仪进一步浓缩至 200 μL，并转移至含内衬管的样品瓶中，贴好标签，冷藏保存，待 GC-MS 检测。

(二)仪器分析方法及参数设置

柱箱温度：80 ℃；进样口温度：280 ℃；进样量：2.0 μL；进样方式：不分流进样。柱子升温程序从 60 ℃ 至 150 ℃，速率为 15 ℃/min，保持 2 min；然后从 150 ℃ 升温至 220 ℃，速率为 5 ℃/min，保持 10 min；最后以速率为 10 ℃/min 从 220 ℃ 升温至 300 ℃，保温时间为 10 min。

质谱条件：EI 源，70 eV；离子源温度 280 ℃；传输线温度 300 ℃；发射电流 25 μA；碰撞气为高纯 He(纯度 99.999％，福州新航气体有限公司)；采用选择反应监测(Selected Reaction Monitoring，SRM)模式；溶剂延迟时间：7 min。

(三)绘制标准曲线

以正己烷为稀释溶剂，分别制备 5 μg/L、10 μg/L、20 μg/L、50 μg/L 和 100 μg/L 系列标准溶液，以定量离子峰面积为纵坐标，各标准溶液浓度为横坐标，绘制标准曲线。

(四)土壤样品的分析

按上述前处理方法，测定土壤样品中 PAHs 的含量，以各个 PAHs 的峰面积与标准曲线比较定量，以式(1)计算样品中各个 PAHs 的含量：

$$X_i = \frac{c_i \times V}{m} \tag{1}$$

式中，X_i——PAHs 的含量，ng/g；

　　c_i——测定的土壤样品中 PAHs 的浓度，ng/L；

　　V——定容体积，mL；

　　m——土壤质量，g。

五、创新思考

(1)GC-MS 法有什么优点和局限性？

(2)本实验用的定量方法属于内标法还是外标法？ 有什么缺点？

(3)萃取前加入替代物的目的是什么？

实验三 傅里叶变换红外显微光谱仪测定海滩泥沙中的微塑料

一、实验目的

(1)掌握泥沙中微塑料测定的前处理方法。

(2)了解傅里叶变换红外显微光谱仪的测定原理。

(3)了解傅里叶变换红外显微光谱仪的基本结构和操作方法。

二、实验原理

光谱仪按照光学系统的不同可以分为色散型和干涉型,色散型光谱仪根据分光元件的不同,又可分为棱镜式和光栅式。干涉型红外光谱仪即傅里叶变换红外光谱仪(FTIR)。其中光栅式的优点是可以重复光谱响应,机械性能可靠;缺点是效率偏低,对偏振敏感。光源发出的光被分束器(类似半透半反镜)分为两束,一束经透射到达动镜,另一束经反射到达定镜。两束光分别经定镜和动镜反射再回到分束器,动镜以一恒定速度做直线运动,因而经分束器分束后的两束光形成光程差,产生干涉。干涉光在分束器会合后通过样品池,通过样品后含有样品信息的干涉光到达检测器,然后通过傅里叶变换对信号进行处理,最终得到透过率或吸光度随波数或波长变化的红外吸收光谱图。

直径小于 5 mm 的微塑料,被科学家称为海洋中的 $PM_{2.5}$,因其化学性质相对稳定,可在环境中长期赋存,已成为一类新型的持久性污染物,给人类健康与生态环境造成严重影响。联合国环境规划署亦连续在三届联合国环境大会发布的报告中强调,微塑料污染这一全球性环境问题亟待进一步研究。本实验采用傅里叶变换红外显微光谱仪分析海滩泥沙中的微塑料种类和数量。

三、实验仪器和试剂

$ZnCl_2$(分析纯),30% H_2O_2(分析纯,500 mL/瓶),NaCl,尼龙滤膜(直径 47 mm,孔径 20 μm),50 cm 玻璃棒,烧杯,47 mm 玻璃砂芯,普通天平(精度 0.1 g),分析天平,烘箱,筛网,加热板,体视显微镜,傅里叶变换红外显微光谱仪(micro-FTIR),超纯水系统。

四、实验步骤及注意事项

(一)浮选分离

向采集的沉积物样品中加入密度为 1.5 g/mL $ZnCl_2$ 溶液,充分搅拌使塑料样品漂浮于液体表面。静置 2 h 后,将上清液通过孔径为 0.3 mm 的不锈钢筛网。使用纯水反复冲洗 0.3 mm 筛网上截留的物质,过筛样品用烧杯保存。

(二)消化处理

样品烘干后,向烧杯中加入 20 mL 浓度为 0.05 mol/L 的二价铁溶液,再加入 20 mL 30% H_2O_2 溶液。常温放置 5 min 后,用表面皿覆盖烧杯口。

在通风橱中,用电热板或水浴锅加热至 75 ℃。当有气泡产生时取下烧杯,放至反应停止,如果反应过于剧烈,可加入适量纯水减缓反应速率。为保证有机质完全溶解,反应停止后,继续加热 30 min。

如果仍可观察到有机物,加入 20 mL 30% H_2O_2 溶液继续消化,重复上述操作。注意:此化学反应剧烈,应根据实验室安全条例和规定进行实验并处理混合物。

(三)密度分离

每 20 mL 上述混合溶液加入 6 g NaCl,以增加溶液密度。NaCl 完全溶解后将上述混合溶液转移到玻璃漏斗装置中。用纯水润洗烧杯,使所有固体物质全部转移至玻璃漏斗中。用铝箔松散地盖于表面,隔夜放置。

肉眼观察漏斗底部是否有固体物质沉降。打开弹簧夹,控制流速,使沉降物缓慢流出。用镊子挑出固体沉降物,保存可能为塑料的物质,其他沉降物丢弃。上清液使用玻璃纤维滤膜过滤。用去离子水多次冲洗漏斗,使样品全部转移至滤膜上。取下滤膜置于洁净的玻璃培养皿中,贴好标签,75 ℃烘干至完全干燥。

(四)分析鉴定

将保存的固体沉降物及滤膜上截留的物质置于体视显微镜下观察,记录微塑料类型、数量、形态、颜色和尺寸。在解剖镜下将可用于鉴定的固体物质从滤膜上取下,使用傅里叶变换红外显微光谱仪(图 1)鉴定成分,具体步骤如下:

(1)背景空白采集:鉴定前设置好参数,先采集载物片的空白(背景空白),校正空白后再对样品进行采集。

(2)样品成分鉴定:从每张滤膜随机挑选 10～12 个颗粒(100 μm 以上)加以识别,每个样品在检测时均从上、中、下或者左、中、右部位按照顺序分别采集至少 3 次(个别颗粒较小的可采集 2 次),以减少偶然误差。保存每个颗粒所采集的光谱。

图 1　傅里叶变换红外显微光谱仪

(3)匹配图谱:开启 OMNIC 软件对所测得的光谱进行处理,调节"基线校正""标峰"等设置修正曲线。通过在 OMNIC 聚合物谱库中的检索和比对,将匹配率达 70% 以上的颗粒认定为相应类型的微塑料。

五、数据记录与处理

按公式计算土壤中微塑料的浓度

$$D = \frac{n}{m}$$

式中，D——微塑料密度，个/kg；

n——微塑料总数，个；

m——土壤质量，kg。

表1 微塑料浓度分析记录表

样品编号	形状						颜色	粒径	成分
	线状	片状	纤维状	薄膜状	颗粒状	小球状			

六、创新思考

(1)为什么微塑料鉴定需要进行消化处理？

(2)该方法测定的微塑料组成和数量可能有哪些误差？

实验四 电感耦合等离子体质谱法测定污水中的重金属元素含量

一、实验目的

(1)了解电感耦合等离子体质谱的测定原理。

(2)掌握电感耦合等离子体质谱的基本结构和操作方法。

二、实验原理

以等离子体作为质谱离子源,样品雾化后以气溶胶的形式进入等离子体区域,经过蒸发、解离、原子化、电离等过程,被导入高真空的质谱部分,待测离子经质量分析器按质荷比(m/z)的大小经过分离后进入离子检测器,根据离子强度的大小计算得到样品中待测元素的浓度。

三、实验仪器和试剂

(一)仪器及设备

电感耦合等离子体质谱,电子天平,微量移液器,超纯水系统,亚沸蒸馏器,样品瓶,其他实验室常用设备。

(二)试剂

(1)硝酸(HNO_3):优级纯。

(2)超纯水。

(3)HNO_3溶液(1+99)。

(4)多元素混合调谐溶液(1.00 $\mu g/L$):^7Li、^{59}Co、^{89}Y、^{137}Ba、^{140}Ce、^{205}Tl等元素的浓度均为1.00 $\mu g/L$的多元素混合调谐溶液。

(5)标准储备溶液(100.0 mg/L):铜、铅、锌、镉、铬、铍、锰、钴、镍、砷、铊的浓度分别为100.0 mg/L的单元素或多元素标准储备溶液,溶剂为HNO_3溶液。

(6)标准中间溶液(1.000 mg/L):移取1.00 mL标准储备溶液于100 mL容量瓶中,用HNO_3溶液定容至标线。

(7)标准使用溶液(0.100 0 mg/L):移取10.00 mL标准中间溶液于100 mL容量瓶中,用HNO_3溶液定容至标线。

(8)内标溶液:含有^{205}Tl的浓度为10.00 mg/L的内标溶液。

四、实验步骤及注意事项

(一)水样预处理

水样经 0.45 μm 的醋酸纤维膜过滤后，用 HNO_3 调节至 pH 小于 2。同时将超纯水经醋酸纤维膜过滤后，用 HNO_3 调节至 pH 小于 2，作为空白溶液。

(二)仪器工作条件优化

仪器运行稳定后，引入多元素混合调谐溶液调节仪器的各项参数，选择低、中、高质量数元素对仪器的灵敏度进行调谐，同时应调节氧化物以及双电荷等指标至满足测定要求。

(三)干扰消除

可采取如下措施减少或消除干扰：
(1)选取不受干扰的同位素元素作为待测元素的定量质量数；
(2)定量时进行干扰校正；
(3)采用碰撞/反应池技术消除干扰；
(4)通过萃取等方法提取待测元素，以去除样品基体干扰。

(四)排污口等淡水样品测定

1. 绘制标准曲线
取 6 个 100 mL 容量瓶，分别加入 0 mL、0.050 mL、0.10 mL、0.50 mL、1.00 mL、2.00 mL 的标准中间溶液，用 HNO_3 溶液稀释至标线，配制的标准系列溶液浓度分别为 0 ng/mL、0.500 ng/mL、1.00 ng/mL、5.00 ng/mL、10.0 ng/mL、20.0 ng/mL。按仪器设定的条件对标准溶液系列进行测定，绘制标准曲线。

2. 样品测定
按仪器设定的条件直接测定空白溶液和待测样品，得到分析空白值和样品测定值，样品重复测定 3 次。

3. 计算与记录
将样品的测定值减去分析空白值，即为样品中待测元素的含量。测试结果计入表 1 中。

4. 注意事项
本方法操作过程中应注意以下事项：
(1)可通过对试剂进行反复蒸馏提纯，降低试剂空白值；
(2)器皿应用 HNO_3 溶液(1+3)浸泡 24 h 以上，使用前用超纯水洗净；
(3)本方法应尽可能在洁净环境下进行；
(4)标准曲线的范围可根据样品浓度范围进行调整。
(5)分析过程中，采用内标元素进行校正时，可采用在线或离线方式加入内标溶液，并使样品中内标元素浓度与待测元素浓度相当。
内标元素的选择应遵循以下几个原则：

（1）内标元素不存在于样品中或样品中含量不会对内标元素造成影响；

（2）待测元素的质量数和电离能应尽可能与内标元素接近；

（3）内标元素应不受同质异位素或多原子离子的干扰；

（4）内标元素应当具有较好的测试灵敏度。

表1 电感耦合等离子体质谱法测定金属元素记录表

元素名称	样品浓度/(μg/L)	空白浓度/(μg/L)	最终浓度/(μg/L)	重复性标准偏差/%
铜				
铅				
锌				
镉				
铬				
铍				
锰				
钴				
镍				
砷				
铊				

五、创新思考

（1）还有其他什么仪器能同时测定不同的重金属元素含量？这些仪器的原理有什么不同？

（2）测定不同水质样品时应注意哪些问题？

（3）如何选择内标元素？一般常见的内标元素有哪几种？

实验五　高效液相色谱法测定可乐中的咖啡因

一、实验目的

(1)掌握标准曲线定量方法。
(2)了解高效液相色谱仪的使用及日常维护。

二、实验原理

　　咖啡因又名咖啡碱,属甲基黄嘌呤化合物,化学名称为1,3,7-三甲基黄嘌呤。咖啡因具有提神醒脑等刺激中枢神经的作用,但易上瘾。为此各国制定了咖啡因在饮料中的食品卫生标准,美国、加拿大、阿根廷、日本、菲律宾等国规定饮料中咖啡因的含量不得超过200 mg/L。到目前为止我国仅允许咖啡因加入可乐型饮料中,其含量不得超过150 mg/L。咖啡因的甲醇溶液在270 nm处有吸收,可通过反相高效液相色谱(紫外检测器)测定其含量。

　　高效液相色谱仪的工作原理:混合物各组分通过与固定相、流动相之间的相互作用,在色谱柱中进行分离纯化。固定相是存在于色谱柱中一种非常小的多孔颗粒材料,流动相是在高压下通过色谱柱的一种溶剂或混合溶剂。用注射器注入样品,通过一个连接样品回路的阀门,使样品与流动相混合,随后样品中各组分以不同的速率通过色谱柱。由于各组分与固定相之间的吸附能力不同,各组分依次流出色谱柱,通过合适的检测器将组分浓度转换成电信号传递到计算机的HPLC软件上。运行结束后,在HPLC软件中就可以得到色谱图。

三、实验仪器和试剂

(一)仪器

　　高效液相色谱仪(紫外检测器),超声波提取器,分析天平(十万分之一),微量注射器(10 μL),C$_{18}$反相色谱柱,容量瓶(25 mL、50 mL)。

(二)试剂

　　咖啡因对照品,可口可乐,甲醇(色谱纯),冰醋酸(分析纯),超纯水(新制)。

四、实验步骤及注意事项

(一)色谱条件

　　色谱柱:C$_{18}$反相键合硅胶填充柱(15 cm×4.6 mm),粒径5 μm;流动相甲醇-水(32:68),过滤,脱气;检测波长:270 nm;流速:1 mL/min;柱温:室温;理论塔板数按咖啡因峰计算应不低于 2 000。

(二)咖啡因标准溶液系列制备

分别准确量取 0.2 mg/mL 咖啡因甲醇储备液 1 mL、2 mL、3 mL、4 mL、5 mL 于 10 mL 容量瓶中,用超纯水定容至刻度,摇匀,得浓度分别为 20 μg/mL、40 μg/mL、60 μg/mL、80 μg/mL、100 μg/mL 的标准溶液系列,经 0.45 μm 的微孔滤膜过滤,作为标准溶液系列。

(三)供试品溶液制备

将 25 mL 可口可乐置于 100 mL 烧杯中,剧烈搅拌 30 min(或用超声波提取器在 40 ℃ 下超声脱气 5 min),取 5 mL 经 0.45 μm 的微孔滤膜过滤,作为待测样品。

(四)标准曲线绘制

待基线平稳后,分别用微量进样器量取咖啡因标准溶液 10 μL 注入高效液相色谱仪,记录峰面积与保留时间。重复 2 次,要求 2 次所得的咖啡因色谱峰面积相对标准偏差应小于 2%。

(五)样品测定

从待测样品中吸取 10 μL 进样,测其峰面积。平行测定 2 次,求其平均值,根据标准曲线计算咖啡因的浓度。

五、数据记录与处理

(1)色谱条件
色谱柱类型:_____;流动相类型:_____;
流速:_____ mL/min;检测器类型:_____。
(2)确定标准溶液和供试品溶液中咖啡因的保留时间,记录不同浓度下的峰面积。
(3)根据咖啡因标准溶液系列的色谱图,绘制标准曲线。
(4)根据标准曲线,计算可口可乐中咖啡因的含量(μg/mL)。

六、创新思考

(1)可口可乐样品前处理的目的是什么?
(2)论述标准曲线法的优点。
(3)色谱柱日常该如何维护?

实验六　离子色谱法测定饮用水中常见阴离子

一、实验目的

(1)了解饮用水中常见的无机阴离子。
(2)掌握离子色谱仪的工作原理及使用方法。
(3)掌握离子色谱的数据分析方法。

二、实验原理

(一)工作过程

离子色谱仪由进样系统、分离系统、抑制器、检测系统和数据系统五部分组成。输液泵将淋洗液以稳定的流速(或压力)输送至分析系统,在色谱柱之前通过进样器将样品导入,淋洗液将样品带入色谱柱。在色谱柱中各组分被分离,并依次随淋洗液流至检测器。抑制型离子色谱则在电导检测器之前增加一个抑制系统,即用另一个高压输液泵将再生液输送到抑制器。在抑制器中,淋洗液背景电导被降低,然后将流出物导入电导检测池,检测到的信号送至数据系统记录、处理或保存。非抑制型离子色谱仪不用抑制器和输送再生液的高压泵,因此仪器的结构相对要简单得多。

(二)离子色谱简介

离子色谱工作原理如图 1 所示。

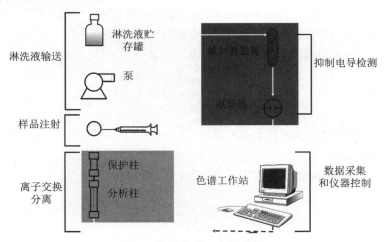

图 1　离子色谱工作原理图

1. 淋洗液(流动相)系统
离子色谱仪常用的分析模式为离子交换电导检测模式,主要用于阴离子和阳离子的分析。

常用阴离子分析淋洗液有氢氧根（OH^-）体系和碳酸盐体系等,常用阳离子分析淋洗液有甲烷磺酸体系和草酸体系等。

淋洗液的一致性是保证分析重现性的基本条件。为保证同一次分析过程中淋洗液的一致性,在淋洗液系统中加装淋洗液保护装置,可以将进入淋洗液瓶空气中的有害部分吸附和过滤,如 CO_2 和 H_2O 等。

淋洗液容器通常由一个或多个聚乙烯或硬质玻璃瓶组成。应经常清洗淋洗液容器和过滤头,经常更换淋洗液。

2. 色谱泵系统

离子色谱的淋洗液为酸、碱溶液,会对金属产生化学腐蚀。如果选择不锈钢泵头,腐蚀会导致色谱泵漏液、流量稳定性差和色谱柱寿命缩短等。离子色谱泵头应选择全 PEEK（聚醚醚酮树脂）材质。

3. 进样系统（六通阀）

进样系统是将常压状态的样品切换到高压状态下的部件。保证每次工作状态的重现性是提高分析重现性的重要途径。进样装置有手动进样器和自动进样器。

进样阀采用电驱动,定量环为 $10\ \mu L$。该阀有两个操作位置:装样和进样。装样时,淋洗液由泵流经进样阀进入分离柱,不通过定量管;而样品被注入定量管并保留在里面直至进样,多余的样品从废液管排出。进样时,淋洗液通过定量管,将样品冲洗到分离柱中,1 min后,进样阀由进样状态返回装样状态。

4. 分离系统

分离系统是离子色谱的重要部件,也是主要耗材。离子交换分离就是利用离子交换剂与溶液中的离子之间所发生的交换反应进行分离的方法。离子交换色谱以离子交换树脂作为固定相,树脂上具有固定离子基团及可交换的离子基团。离子交换树脂结构如图2所示。当流动相带着组分电离生成的离子通过固定相时,组分离子与树脂上可交换的离子基团进行可逆变换,根据组分离子对树脂亲合力不同而得到分离。离子交换树脂利用 H^+ 交换阳离子,以 OH^- 交换阴离子。

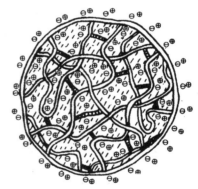

图 2   离子交换树脂结构

由于离子交换作用是可逆的,因此用过的离子交换树脂一般用适当浓度的无机酸或碱进行洗涤,可恢复到原状态而重复使用,这一过程称为再生。阳离子交换树脂可用稀 HCl、稀 H_2SO_4 等溶液淋洗;阴离子交换树脂可用 NaOH 等溶液处理,进行再生。

分离系统主要包括以下几部分:

(1)预处理柱

又称在线过滤器,PEEK 材质,主要作用是:

①保证去除样品中所包含的有可能损坏仪器或者影响色谱柱/抑制器的成分。

②去除样品中所包含的有可能干扰目标离子测定的成分。

(2)保护柱

保护柱与分析柱填料相同,用于消除样品中可能损坏分析柱填料的杂质。如果不一致,会导致死体积增大、峰扩散和分离度差等。

（3）分析柱

有效分离样品组分。

5. 抑制系统

抑制系统是离子色谱的核心部件之一，安装在电导池之前。主要作用是降低背景电导和提高检测灵敏度。抑制器的好坏关系到离子色谱的基线稳定性、重现性和灵敏度等关键指标。图 3 所示为电化学抑制器的工作原理。

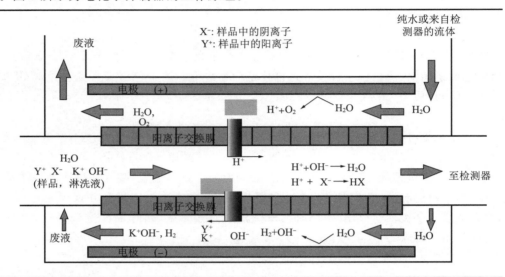

图 3　电化学抑制器的工作原理（阴离子）

抑制器主要分为以下几种：

（1）柱-胶抑制

采用固定短柱或现场填充抑制胶进行抑制，不同的抑制柱交替使用，属于间歇式抑制。

（2）离子交换膜抑制

采用离子交换膜，利用离子浓度渗透的原理进行抑制。需要配制 H_2SO_4 再生液，系统需要配置 N_2 或动力装置。

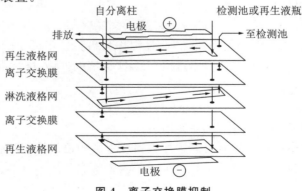

图 4　离子交换膜抑制

（3）电解自再生膜抑制

利用电解水产生媒介离子和离子配合离子交换膜进行抑制。

6. 检测系统

离子色谱最基本和常用的检测器是电导检测器。电导检测器是基于极限摩尔电导率的检测器，主要用于检测无机离子、有机酸和有机胺等。

（三）离子色谱的分离与检测原理

分离的原理是基于离子交换树脂可离解的离子与淋洗液中具有相同电荷的溶质离子之间进行的可逆交换和分析物溶质对交换剂亲和力的差别。

离子交换色谱的固定相一般为离子交换树脂，树脂分子结构中存在许多可以电离的活性中心，待分离组分中的离子会与这些活性中心发生离子交换，形成离子交换平衡，从而在流动相与固定相之间形成分配，固定相的固有离子与待分离组分中的离子之间相互争夺固定相中的离子交换中心，并随着流动相的运动而运动，最终实现分离。离子交换色谱适用于亲水性阴、阳离子的分离。

水样中的待测阴离子随淋洗液进入阴离子交换分离系统，根据分析柱对各种离子的亲和力不同进行分离，已分离的阴离子流经阴离子抑制系统转化成具有高电导率的强酸，而淋洗液则转化成低电导率的水，由电导检测器测量各种阴离子组分的电导率，以保留时间定性，峰高或峰面积定量。

检测水体中阴离子时，采用阴离子交换树脂为分离柱，阴离子与色谱柱上的交换基团进行交换，若交换基团是 CO_3^{2-}，有以下的交换过程：

$$R—CO_3^{2-} + Cl^- \longleftrightarrow R—Cl + CO_3^{2-}$$

不同的阴离子和固定相 R 的作用力不同导致不同离子在色谱柱中的保留时间不同，从而使样品得到分离。

淋洗液带着被分离的阴离子通过抑制器，使与之配对的阳离子全部转换成 H^+。例如淋洗液 Na_2CO_3、$NaHCO_3$ 通过抑制器转换为 H_2CO_3 溶液，降低基底电导，样品 NaCl 和 Na_2SO_4 通过抑制器后，变成 HCl 和 H_2SO_4，提高样品电导，再进入电导检测器，由电导检测器测量各阴离子组分的电导率，以相对保留时间和峰高或峰面积定性和定量。

离子交换影响保留的因素：

（1）价态：价态越高，保留越强，出峰越晚。

（2）离子的半径：离子半径越小，交换速度越快，出峰越早。

（3）极化度：成键原子的体积越大，极化度就越大，出峰越晚。

（四）分析原理

利用被测样品的电导对浓度的线性关系，配制一系列已知浓度的标准溶液，分别作出各离子工作曲线，然后通过检测待测样品中各离子的电导响应值，从而推算出其浓度。

三、实验仪器和试剂

（一）仪器

离子色谱仪，包括阴离子分离柱、阴离子保护柱、阴离子抑制柱、电导检测器、样品环。

(二)试剂

配制试剂用水均为电导率小于 1 μS/cm 的去离子水,试剂均为分析纯以上。

淋洗使用液[c(NaHCO$_3$) = 2.0 mmol/L,c(Na$_2$CO$_3$) = 1.3 mmol/L]:称取 336 g NaHCO$_3$ 和 275 g 无水 Na$_2$CO$_3$,共溶于少量超纯水中,在 2 000 mL 容量瓶中定容。

F$^-$ 标准储备液:(1.000 mg/mL),Cl$^-$ 标准储备液(4.000 mg/mL),硝酸盐标准储备液(1.000 mg/mL),硫酸盐标准储备液(1.000 mg/mL)。

四、实验步骤及注意事项

(一)水样预处理

采样后的水应尽快送到实验室进行分析。如果不能当天检测,应把水样放于 4 ℃左右的环境下保存。水样在进样前,需要先用滤膜过滤。当水样中某一阴离子含量过高,或含有较高浓度的低分子量有机酸时,会干扰其他被测离子的分析,可将样品稀释后再进行分析。

(二)开机准备

打开离子色谱仪,根据色谱条件调节淋洗液流速和再生液流速,使流过色谱柱系统的淋洗液电导率值达到平衡。

(三)仪器参数

柱温:室温;淋洗液流速:0.8 mL/min;进样量:20 μL。

(四)标准曲线绘制

分别吸取 F$^-$ 标准储备溶液、Cl$^-$ 标准储备溶液、硝酸盐标准储备溶液、硫酸盐标准储备溶液按照表 1 配制五点混合标准溶液,用超纯水定容。

表 1　配制五点混合标准溶液

离子	浓度/(mg/L)				
	点 1	点 2	点 3	点 4	点 5
F$^-$	0.10	0.20	0.50	1.00	2.00
Cl$^-$	0.8	1.6	4.0	8.0	16.0
NO$_3^-$	0.50	1.00	2.50	5.00	10.0
SO$_4^{2-}$	2.0	4.0	10.0	20.0	40.0

以质量浓度为横坐标,峰高或峰面积为纵坐标分别绘制这几种离子的标准曲线。

(五)样品测定

将未知水样注入离子色谱仪分析,记录色谱图。根据样品的峰面积或峰高值,通过标准曲线得出各种离子的浓度。

五、创新思考

（1）水中阴离子对人体健康有何影响？

（2）化学分析法是如何测定水中阴离子含量的？

（3）抑制器有何作用？

实验七　红外光谱法测定固态有机物及图谱解析

一、实验目的

（1）掌握红外光谱分析固体样品时的压片法和样品制备技术。

（2）了解傅里叶红外光谱仪的工作原理和使用方法。

（3）掌握红外光谱法在有机化合物结构定性分析中的应用。

二、实验原理

（一）红外光谱原理简介

红外光谱（IR）是鉴别化合物和确定分子结构的常用手段之一，尤其对一些较难分离并在紫外可见光区找不到明显特征峰的样品可以方便、迅速地进行分析，因此广泛用于化工、催化、石油、材料、生物、医药、环境等领域。

红外光谱分析方法主要依据分子内部原子间的相对振动和分子转动等信息进行测定。红外光谱法研究的是分子中原子的相对振动，即化学键的振动。对于不同的化学键或官能团，其振动能级从基态跃迁到激发态所需的能量不同。当一定频率（一定能量）的红外光照射分子时，如果分子某个基团的振动频率和外界红外辐射频率一致，二者就会产生共振。此时，光的能量通过分子偶极矩的变化传递给分子，基团对该频率红外光产生吸收，能级发生振动跃迁（由原来的基态跃迁到较高的振动能级），从而产生红外吸收光谱。如果红外光的振动频率和分子中各基团的振动频率不一致，该部分红外光则不会被吸收。用频率连续改变的红外光照射某试样，将分子吸收红外光的情况用仪器记录下来，即得到试样的红外吸收光谱图。由于振动能级的跃迁伴随有转动能级的跃迁，因此红外光谱不是简单的吸收线，而是一个个吸收带。分子中基团的振动和转动能级跃迁形成振-转光谱。图1所示为光波谱区及能量跃迁。

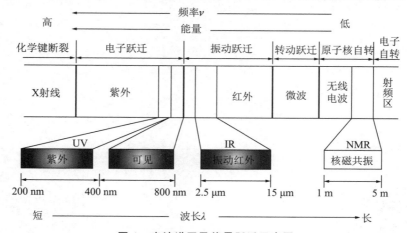

图1　光波谱区及能量跃迁示意图

(二) 红外光谱与有机化合物结构

红外光谱技术可用于有机化合物的结构解析。各种化合物分子结构不同,分子振动能级吸收的频率不同,其红外吸收光谱也不同。利用这一特性,可进行有机化合物的结构剖析、定性鉴定和定量分析。

例如:

(1)一定结构的化学键振动频率具有特征峰(基团特征频率)

例:$2\,800\sim3\,000$ cm^{-1}　—CH$_3$ 特征峰

　　$1\,600\sim1\,850$ cm^{-1}　—C$=$O 特征峰

(2)基团所处化学环境不同,特征峰出现位置变化

—CH$_2$—CO—CH$_2$—　　$1\,715$ cm^{-1}　酮

—CH$_2$—CO—O—　　　$1\,735$ cm^{-1}　酯

—CH$_2$—CO—NH—　　$1\,680$ cm^{-1}　酰胺

掌握各种原子基团基频峰的频率及其位移规律,就可应用红外吸收光谱来确定有机化合物分子中存在的原子基团及其在分子结构中的相对位置。

三、实验仪器和试剂

(一)实验仪器

Nicolet 380 傅里叶变换红外光谱仪、压片机、压片模具、玛瑙研钵、红外灯、可拆样品池。

(二)实验试剂

KBr、苯甲酸。

四、实验步骤及注意事项

(一)实验步骤

(1)取 $1\sim2$ mg 干燥苯甲酸和 $100\sim200$ mg 干燥 KBr,置于洁净的玛瑙研钵中,研磨成均匀、细小的粉末;

(2)用小勺取少许上述混合物粉末转移到压片模具上,依次放好各部件后,把模具置于压片上,旋转压力丝杆手轮压紧模具,顺时针旋转放油阀至底部,然后一边抽气,一边缓慢上下移动压把,加压至一定压力(注意:压力一定要小于 10 MPa),维持约 1 min。逆时针旋转放油阀,解除加压,压力表指针指向“0”位置,旋松压力丝杆手轮取出模具,即可得直径 $1\sim$ 2 mm、厚 $1\sim2$ mm 透明的 KBr 晶片。注意:制得的晶片必须无裂缝,局部无发白现象,如同玻璃般完全透明,否则应重新制作。晶片局部发白,表示压制的晶片厚薄不匀;晶片模糊,表示晶体吸潮。水在光谱图 $3\,450$ cm^{-1} 和 $1\,640$ cm^{-1} 处出现吸收峰。

(3)从模具中小心取出晶片,置于固体红外电解池中,将电解池插入红外仪器对应的插

槽,设置实验参数,以空气为背景,测定苯甲酸的红外吸收光谱。

(4)简单分析苯甲酸的红外光谱图。

(二)注意事项

压片法制备样品时,应注意以下几个方面:

1. KBr 和样品必须保持干燥

(1)制样之前需在红外灯下照射 1～2 h;

(2)整个制样过程应该在红外灯照射下完成;

(3)仪器室应该配备抽湿机;

(4)测试时仪器房人不能太多。

2. 样片厚度合适

(1)试样量过多,样片太"厚",透光率差,导致收集到的谱图中强峰超出检测范围;

(2)试样量太少,会使样片不完整或缺陷增多,增加杂散光,降低信噪比;

(3)一般用小头取 3 勺。

3. 研磨必须充分

(1)保证样品与 KBr 混合均匀;

(2)更细的试样有利于透明样片的形成;

(3)一般应研磨数分钟,直到试样无颗粒感或开始粘在研钵内。

4. 样品浓度合适

(1)样品在 KBr 中的浓度对谱图质量的影响最大;

(2)样品浓度太小,会使弱吸收峰或光谱细节消失;

(3)样品太浓,强吸收峰宽化或出现"平头峰",掩盖弱吸收峰;

(4)一般将样品在 KBr 中的质量浓度控制在 1% 左右。

五、数据记录与处理

(1)记录实验条件。

(2)指出苯甲酸红外谱图中的官能团的特征吸收峰,并做出标记。

六、创新思考

(1)红外吸收光谱分析对固体试样的制片有何要求?

(2)红外光谱实验室为什么对室内相对湿度要维持一定的标准?

实验八　气相色谱法分析空气中苯系物含量

一、实验目的

(1)掌握气相色谱法的基本原理和定性、定量方法。

(2)学习纯物质对照法定性和外标法定量的分析方法。

(3)了解气相色谱的仪器组成、工作原理以及数据采集、数据分析的基本操作。

二、实验原理

苯系物,即芳香族有机化合物,为苯及其衍生物的总称,完全意义上的苯系物的绝对数量可高达 1 000 万种以上,但一般意义上的苯系物主要包括苯、甲苯、乙苯、二甲苯、三甲苯、苯乙烯、苯酚、苯胺、氯苯、硝基苯等。其中,由于苯(benzene)、甲苯(toluene)、乙苯(ethylbenzene)、二甲苯(xylene)四类为其中的代表性物质,也有人简称苯系物为 BTEX。苯系物是人类活动排放的常见污染物。由于生产及生活污染,苯系物在人类居住和生存环境中广泛存在,并对人体的血液、神经、生殖系统具有较大危害。发达国家已把大气中苯系物的浓度作为大气环境常规监测的内容之一,并规定了严格的室内外空气质量标准。我国早在 1989 年即颁布了《水质　苯系物的测定　气相色谱法》(GB 11890—89)国标检测方法。

气相色谱方法是利用试样中各组分在气相和固定液相间的分配系数不同对混合物进行分离、测定的仪器分析方法,特别适用于分析含量少的气体和易挥发的液体。当气化后的试样被载气带入色谱柱中运行时,组分就在其中的两相间进行反复多次分配,固定相对各组分的吸附或溶解能力不同,因此各组分在色谱柱中的运行速度就不同,经过一定的柱长后,便彼此分离,按流出顺序离开色谱柱进入检测器,在记录器上绘制出各组分的色谱峰-流出曲线。在色谱条件一定时,任何一种物质都有确定的保留参数,如保留时间、保留体积及相对保留值等。因此,在相同的操作条件下,通过比较已知纯物质和未知物的保留参数或在固定相上的位置,即可确定未知物为何种物质。测量峰高或峰面积,采用外标法、内标法或归一化法,可确定待测组分的质量分数。

典型气相色谱仪由以下五大系统组成:

(1)载气系统:包括气源、净化干燥管和载气流速控制系统。常用的载气有 H_2、N_2、He。净化干燥管用于去除载气中的水、有机物等杂质(依次通过分子筛、活性炭等)。载气流速控制系统包括压力表、流量计、针形稳压阀,用于控制载气流速恒定。

(2)进样装置:由进样器、气化室组成。气体进样器(六通阀)分推拉式和旋转式两种。试样首先充满定量管,气化后,载气携带定量管中的试样气体进入分离柱。液体进样器为不同规格的专用注射器,填充柱色谱常用 $10~\mu L$,毛细管色谱常用 $1~\mu L$。气化室是将液体试样瞬间气化的装置。

(3)色谱柱(分离柱):色谱仪的核心部件,分为填充柱和毛细管柱。

(4)检测系统:是色谱仪的眼睛,常用的检测器有氢火焰离子化检测器(FID)、热导检测器。

(5)温度控制系统:温度是色谱分折的重要选择参数。气化室、分离室、检测器三部分在色谱仪操作时均需控制温度。气化室温度保证液体试样瞬间气化,分离室准确控制分离需要的温度。当试样复杂时,分离室需要按一定程序控制温度变化,各组分在最佳温度下分离。检测器温度要保证被分离后的组分通过时不在此冷凝。

衡量一对色谱峰分离的程度用分离度 R 表示:

$$R = \frac{2(t_{R,2} - t_{R,1})}{Y_1 + Y_2}$$

其中,$t_{R,2}$、Y_2 和 $t_{R,1}$、Y_1 分别是两个组分的保留时间和峰底宽度(注意:宽度以时间为单位)。当 $R=1.5$ 时,两峰完全分离;当 $R=1.0$ 时,则98%分离。

用色谱法进行定性分析的任务是确定色谱图上每一峰所代表的物质。在色谱条件一定时,任何一种物质都有确定的保留值、保留时间、保留体积、保留指数及相对保留参数。因此,在相同的色谱操作条件下,通过比较已知纯样、未知物的保留参数或在固定相上的位置,即可确定未知物为何种物质。

用已知物进行定性可采用单柱比较法、峰高加入法或双柱比较法。单柱比较法是在相同的色谱条件下,分别对已知纯物质及待测试样进行色谱分析,得到两张色谱图,然后比较其保留参数。当两者的数值相等时,即可认为待测试样中有纯物质组分存在。

本实验采用外标法进行定量。外标法实际上就是常用的校准曲线法。首先用纯物质配制一系列不同浓度的标准溶液,在一定的色谱条件下准确定量进样,测量峰面积(或峰高),绘制标准曲线。进行未知样测定时,要在与绘制曲线时完全相同的色谱条件下准确进样,根据所得峰面积(或峰高),从曲线上直接查得被测组分的含量。

三、实验仪器和试剂

(1)气相色谱仪:GC-2010plus。检测器:FID;自动进样器:AOC-20i;25 mL 容量瓶。

(2)高纯氮气(99.99%)、氢气、空气。

(3)色谱柱:Rtx-1(二甲基硅氧烷)毛细管柱。

(4)苯、甲苯。

四、实验步骤及注意事项

(1)配制苯、甲苯混合物不同浓度的标准溶液。

(2)开机步骤(以岛津 GC-2010 为例)

①根据样品要求选择合适的柱子,并安装到 SPL 进样口及 FID 检测器上。

②打开氮气源阀门,二次压力达到 0.5 MPa。

③打开主机电源开关,在主机自检完后打开实时分析工作站。

④点击"配置维护"(Configuration and Maintenance)图标,再点击"系统配置"(System Configuration)图标。从中设置好分析流路(包括 SPL 进样口、色谱柱及 FID 检测器,如有其他配置也需选好)及相关参数。

⑤点击菜单栏中的"视图"(View),选择"仪器监视器"(Instrument Monitor)。在监视

器窗口中确认：

　　a. 载气(Carrier Gas)及吹扫流量(Purge Flow)为"打开"(ON)状态；

　　b. FID 检测器(Detector)及点火(Flame)为"关闭"(OFF)状态；

　　c. 尾吹气流量(Make Up Flow)、氢气流量(H₂ Flow)及空气流量(Air Flow)为"打开"(ON)状态。

　　⑥点击"仪器参数"(Instrument Parameters)图标：

　　a. 将柱箱温度(Column)设置为 110 ℃；

　　b. 将 SPL 进样口温度设置为 200 ℃，并设置好 SPL 进样口中的柱流量(Column Flow)及分流比(Split Ratio)等参数；

　　c. 将 FID 检测器温度设置为 200 ℃，将 FID 检测器尾吹气(Make Up)设置为 30 mL/min，将 FID 检测器空气(Air)设置为 400 mL/min，将 FID 检测器氢气(Hydrogen)设置为 40 mL/min。

　　d. 点击"下载参数"(Download Parameters)图标。

　　⑦点击"开启系统"(System ON)图标，按仪器上的 MONITOR 键。

　　⑧设置 FID 温度、进样口温度为分析时的温度，点击"下载参数"(Download Parameters)图标，待 FID 检测器温度升至 150 ℃以上时，打开氢气瓶阀门，二次压力达到 0.3 MPa；打开空气瓶阀门，二次压力达到 0.3 MPa(如果使用发生器，则打开发生器电源开关)。

　　⑨在监视器窗口中设置 FID 检测器(Detector)开关为"打开"(ON)状态；再打开点火(Flame)开关，点燃火焰。(观察主机屏幕上的火焰是否点燃，如果 1 min 后仍未点燃，再次打开点火开关。)

　　⑩在仪器参数中，将柱箱温度(Column)设置为分析时的温度(如用程序升温分析，柱箱温度在仪器参数中的柱箱温度下的 Column Oven Temperature 窗口中设置即可)。如果前一次操作用了程序升温分析，而这次操作用恒温分析，必须删除程序升温设置。点击"下载参数"(Download Parameters)图标。

　　⑪待温度升到设定值、出现准备就绪状态(Ready)后，点击"零点调节"，点击斜率测试，查看基线相对平稳后，即可进行样品分析。转入 Single Run 单次分析或 Batch Processing 实时批处理(仅对自动进样器 AOC)[没配备自动进样器的直接点 Single Run→Sample Login 出现样品注册对话框，样品名、数据文件名、样品质量等输完后，点"确定"键，再点一下"开始"键，等数据采集窗口上面出现 Ready(Standby)之后，即可进样，再按 GC Start 键进行数据采集]，分别测定 5 个标准样，利用外标法，对一个未知样进行定量。

　　(3)关机步骤

　　①在仪器参数中，将 SPL 进样口温度设置为 40 ℃，将柱箱温度(Column)设置为 30 ℃，将 FID 检测器温度设置为 40 ℃。点击"下载参数"(Download Parameters)图标。

　　②待柱箱温度(Column)降至室温时，在监视器窗口中设置(Flame)开关为"关闭"(OFF)状态，设置 FID 检测器(Detector)开关为"关闭"(OFF)状态，关闭氢气源和空气源阀门。

　　③待 SPL 进样口温度及 FID 检测器温度降到 100 ℃以下，点击"关闭系统"(System OFF)图标。

　　④关闭实时分析工作站，关闭主机电源开关，断开电源连接，关闭氮气源阀门。

五、数据记录与处理

利用纯物质对照法定性：

试剂	苯	甲苯
保留时间/min		

六、结果处理

计算待测物质苯和甲苯分离度。

附　录

一、弱电解质的解离常数

(温度 298 K)

名称	化学式	解离常数 K	pK
铬酸	H_2CrO_4	$K_1 = 1.8 \times 10^{-1}$ $K_2 = 3.2 \times 10^{-7}$	0.74 6.49
碘酸	HIO_3	1.7×10^{-1}	0.77
草酸	$H_2C_2O_4$	$K_1 = 5.6 \times 10^{-2}$ $K_2 = 1.6 \times 10^{-4}$	1.25 3.80
亚硫酸	H_2SO_3	$K_1 = 1.4 \times 10^{-2}$ $K_2 = 6.0 \times 10^{-8}$	1.85 7.2
硫酸	H_2SO_4	$K_2 = 1.0 \times 10^{-2}$	2.00
磷酸	H_3PO_4	$K_1 = 6.9 \times 10^{-3}$ $K_2 = 6.2 \times 10^{-8}$ $K_3 = 4.8 \times 10^{-13}$	2.16 7.21 12.32
砷酸	H_3AsO_4	$K_1 = 5.5 \times 10^{-3}$ $K_2 = 1.7 \times 10^{-7}$ $K_3 = 5.1 \times 10^{-12}$	2.26 6.76 11.29
氨基乙酸	NH_2CH_2COOH	4.5×10^{-3} 1.7×10^{-10}	2.35 9.77
氯乙酸	$ClCH_2COOH$	1.4×10^{-3}	2.85
邻苯二甲酸	（邻苯二甲酸结构式，COOH，COOH）	$K_1 = 1.14 \times 10^{-3}$ $K_2 = 3.70 \times 10^{-6}$	2.943 5.432
氢氟酸	HF	6.3×10^{-4}	3.20
甲酸	$HCOOH$	1.8×10^{-4}	3.75
乙二胺	$H_2NC_2H_4NH_2$	$K_1 = 8.3 \times 10^{-5}$ $K_2 = 7.2 \times 10^{-8}$	4.08 7.14

123

名称	化学式	解离常数 K	pK
氨水	$NH_3 \cdot H_2O$	1.8×10^{-5}	4.75
醋酸	CH_3COOH	1.75×10^{-5}	4.756
联胺	N_2H_4	1.0×10^{-6}	6.0
碳酸	H_2CO_3	$K_1 = 4.5 \times 10^{-7}$ $K_2 = 4.7 \times 10^{-11}$	6.35 10.33
次氯酸	$HClO$	4.0×10^{-8}	7.40
羟氨	NH_2OH	8.7×10^{-9}	8.06
次溴酸	$HBrO$	2.8×10^{-9}	8.55
氢氰酸	HCN	6.2×10^{-10}	9.21
铵离子	NH_4^+	5.6×10^{-10}	9.25
硼酸	$H_3BO_3(293\ K)$	5.3×10^{-10}	9.217
亚砷酸	$HAsO_2$	5.1×10^{-10}	9.29
次碘酸	HIO	3×10^{-11}	10.5
过氧化氢	H_2O_2	2.4×10^{-12}	11.62
尿素	$CO(NH_2)_2$	1.3×10^{-14}	13.90

二、配离子的稳定常数

（温度 293～298 K，离子强度 $I \approx 0$）

配离子	稳定常数 β	$\lg\beta$
$[Ag(Ac)_2]^-$	4.4	0.64
$[AgBr_2]^-$	2.1×10^7	7.33
$[AgCl_2]^-$	1.1×10^5	5.04
$[Ag(CN)_2]^-$	1.3×10^{21}	21.10
$[Ag(NH_3)_2]^+$	1.1×10^7	7.05
$[Ag(SCN)_2]^-$	3.7×10^7	7.57
$[Ag(S_2O_3)_2]^{3-}$	$\beta_1=6.6\times10^8$	8.82
	$\beta_2=2.9\times10^{13}$	13.46
$[Al(C_2O_4)_3]^{3-}$	2.0×10^{16}	16.30
$[Al(EDTA)]^-$	1.3×10^{16}	16.11
$[AlF_6]^{3-}$	6.9×10^{19}	19.84
$[Au(CN)_2]^-$	2.0×10^{38}	38.30
$[Ba(EDTA)]^{2-}$	6.0×10^7	7.78
$[Ca(EDTA)]^{2-}$	1.0×10^{11}	11.00
$[Cd(CN)_4]^{2-}$	6.0×10^{18}	18.78
$[CdCl_4]^{2-}$	6.3×10^2	2.80
$[CdI_4]^{2-}$	2.6×10^5	5.41
$[Cd(EDTA)]^{2-}$	2.5×10^{16}	16.40
$[Cd(NH_3)_4]^{2+}$	1.3×10^7	7.12
$[Co(EDTA)]^-$	1.0×10^{36}	36.00
$[Co(NH_3)_6]^{2+}$	1.3×10^5	5.11
$[Co(NH_3)_6]^{3+}$	2.0×10^{35}	35.3
$[Co(SCN)_4]^{2-}$	1.0×10^3	3.00
$[Cu(Ac)_4]^{2-}$	1.6×10^3	3.20
$[Cu(CN)_4]^{2-}$	2.0×10^{30}	30.30
$[Cu(C_2O_4)_2]^{2-}$	3.0×10^8	8.50
$[Cu(EDTA)]^{2-}$	5.0×10^{18}	18.70
$[Cu(NH_3)_4]^{2+}$	2.1×10^{13}	13.32
$[Fe(CN)_6]^{4-}$	1.0×10^{35}	35.00
$[Fe(CN)_6]^{3-}$	1.0×10^{42}	42.00
$[Fe(C_2O_4)_3]^{4-}$	1.7×10^5	5.23
$[Fe(C_2O_4)_3]^{3-}$	1.6×10^{20}	20.20
$[Fe(EDTA)]^{2-}$	2.1×10^{14}	14.33

配离子	稳定常数 β	$\lg\beta$
$[Fe(EDTA)]^-$	1.7×10^{24}	24.23
$[Fe(SCN)_2]^+$	$\beta_1=8.9\times10^2$	2.95
	$\beta_2=2.3\times10^3$	3.36
$[FeF_3]$	1.2×10^{12}	12.06
$[HgCl_4]^{2-}$	1.2×10^{15}	15.07
$[Hg(CN)_4]^{2-}$	2.0×10^{41}	41.30
$[Hg(EDTA)]^{2-}$	6.3×10^{21}	21.80
$[HgI_4]^{2-}$	6.8×10^{29}	29.83
$[Hg(SCN)_4]^{2-}$	1.7×10^{21}	21.23
$[Mg(EDTA)]^{2-}$	4.4×10^8	8.64
$[Mn(EDTA)]^{2-}$	6.3×10^{13}	13.80
$[Ni(CN)_4]^{2-}$	2.0×10^{31}	31.30
$[Ni(EDTA)]^{2-}$	3.6×10^{18}	18.56
$[Ni(NH_3)_6]^{2+}$	5.5×10^8	8.74
$[Pb(Ac)_4]^{2-}$	3.2×10^8	8.50
$[PbCl_3]^-$	50	1.70
$[Pb(EDTA)]^{2-}$	2.0×10^{18}	18.30
$[Sn(EDTA)]^{2-}$	1.0×10^{32}	22.00
$[Zn(CN)_4]^{2-}$	5.0×10^{16}	16.70
$[Zn(C_2O_4)_3]^{4-}$	1.4×10^8	8.15
$[Zn(EDTA)]^{2-}$	2.5×10^{16}	16.40
$[Zn(NH_3)_4]^{2+}$	2.9×10^9	9.46
$[Zn(OH)_4]^{2-}$	4.6×10^{17}	17.66
$[Zn(SCN)]^+$	42	1.62

三、标准电极电势表

表1　在酸性溶液中(298K)

电极反应	$E^{\ominus}/V$
$AgCl+e^-=Ag+Cl^-$	0.222 33
$AgI+e^-=Ag+I^-$	$-0.152\ 24$
$Ag^++e^-=Ag$	0.799 6
$Ag_2CrO_4+2e^-=2Ag+CrO_4^{2-}$	0.447 0
$AgBr+e^-=Ag+Br^-$	0.071 33
$Ag^{2+}+e^-=Ag^+$	1.980
$Al^{3+}+3e^-=Al$	-1.662
$AlF_6^{3+}+3e^-=Al+6F^-$	-2.069
$As+3H^++3e^-=AsH_3$	-0.608
$H_3AsO_4+2H^++2e^-=HAsO_2+2H_2O$	0.560
$HAsO_2+3H^++3e^-=As+2H_2O$	0.284
$Au^++e^-=Au$	1.692
$[AuCl_4]^-+3e^-=Au+4Cl^-$	1.002
$Au^{3+}+3e^-=Au$	1.498
$Au^{3+}+2e^-=Au^+$	1.401
$H_3BO_3+3H^++3e^-=B+3H_2O$	$-0.869\ 8$
$Ba^{2+}+2e^-=Ba$	-2.912
$Be^{2+}+2e^-=Be$	-1.874
$BiO^++2H^++3e^-=Bi+H_2O$	0.320
$BiOCl+2H^++3e^-=Bi+Cl^-+H_2O$	0.158 3
$Br_2(aq)+2e^-=2Br^-$	1.087 3
$HBrO+H^++e^-=1/2Br_2(aq)+H_2O$	1.574
$HBrO+H^++2e^-=Br^-+H_2O$	1.331
$BrO_3^-+6H^++5e^-=1/2Br_2+3H_2O$	1.482
$BrO_3^-+6H^++6e^-=Br^-+3H_2O$	1.423
$2HCNO+2H^++2e^-=(CN)_2+2H_2O$	0.330
$CO_2(g)+2H^++2e^-=CO+H_2O$	-0.106
$Ca^{2+}+2e^-=Ca$	-2.868
$Ca^{3+}+3e^-=Ca$	-0.549
$Cd^{2+}+2e^-=Cd$	$-0.403\ 0$
$Ce^{3+}+3e^-=Ce$	-2.336
$Ce^{4+}+e^-=Ce^{3+}$	1.72
$Cl_2(g)+2e^-=2Cl^-$	1.827

电极反应	$E^{\ominus}/V$
$HClO + H^+ + e^- = 1/2Cl_2 + 2H_2O$	1.611
$HClO + H^+ + 2e^- = Cl^- + H_2O$	1.482
$HClO_2 + 3H^+ + 4e^- = Cl^- + 2H_2O$	1.570
$HClO_2 + 2H^+ + 2e^- = HClO + H_2O$	1.645
$ClO_2 + H^+ + e^- = HClO_2$	1.277
$ClO_3^- + 3H^+ + 2e^- = HClO_2 + H_2O$	1.214
$ClO_3^- + 2H^+ + e^- = ClO_2 + H_2O$	1.152
$ClO_3^- + 6H^+ + 5e^- = 1/2Cl_2 + 3H_2O$	1.47
$ClO_3^- + 6H^+ + 6e^- = Cl^- + 3H_2O$	1.451
$ClO_4^- + 2H^+ + 2e^- = ClO_3^- + H_2O$	1.189
$ClO_4^- + 8H^+ + 7e^- = 1/2Cl_2 + 4H_2O$	1.39
$ClO_4^- + 8H^+ + 8e^- = Cl^- + 4H_2O$	1.389
$Co^{2+} + 2e^- = Co$	-0.28
$Co^{3+} + e^- = Co^{2+}$	1.92
$Cr^{2+} + 2e^- = Cr$	-0.913
$Cr^{3+} + 3e^- = Cr$	-0.744
$Cr^{3+} + e^- = Cr^{2+}$	-0.407
$HCrO_4^- + 7H^+ + 3e^- = Cr^{3+} + 4H_2O$	1.350
$Cs^+ + e^- = Cs$	-3.026
$Cu^+ + e^- = Cu$	0.521
$Cu^{2+} + e^- = Cu$	0.341 9
$Cu^{2+} + e^- = Cu^+$	0.153
$Eu^{3+} + e^- = Eu^{2+}$	-0.36
$F_2 + 2H^+ + 2e^- = 2HF$	3.053
$F_2 + 2e^- = 2F^-$	2.866
$Fe^{3+} + e^- = Fe^{2+}$	0.771
$Fe^{2+} + 2e^- = Fe$	-0.447
$Fe^{3+} + 3e^- = Fe$	-0.037
$FeO_4^{2-} + 8H^+ + 3e^- = Fe^{3+} + 4H_2O$	2.20
$H_2GeO_3 + 4H^+ + 4e^- = Ge + 3H_2O$	-0.182
$H_2(g) + 2e^- = 2H^-$	-2.23
$2H^+ + 2e^- = H_2$	0.000
$HfO^{2+} + 2H^+ + 4e^- = Hf + H_2O$	-1.724
$2Hg^{2+} + 2e^- = Hg_2^{2+}$	0.920
$Hg_2Cl_2 + 2e^- = 2Hg + 2Cl^-$（饱和 KCl 溶液）	0.268 08
$Hg_2^{2+} + 2e^- = 2Hg$	0.797 3

电极反应	$E^{\ominus}$/V
$Hg_2I_2 + 2e^- = 2Hg + 2I^-$	$-0.040\ 5$
$Hg^{2+} + 2e^- = Hg$	0.851
$H_5IO_6 + H^+ + 2e^- = IO_3^- + 3H_2O$	1.601
$I_2 + 2e^- = 2I^-$	$0.535\ 5$
$I_3^- + 2e^- = 3I^-$	0.536
$2HIO + 2H^+ + 2e^- = I_2 + 2H_2O$	1.439
$HIO + H^+ + 2e^- = I^- + H_2O$	0.987
$IO_3^- + 6H^+ + 6e^- = I^- + 3H_2O$	1.085
$2IO_3^- + 12H^+ + 10e^- = I_2 + 6H_2O$	1.195
$In^{3+} + 3e^- = In$	$-0.338\ 2$
$K^+ + e^- = K$	-2.931
$La^{3+} + 3e^- = La$	-2.379
$Li^+ + e^- = Li$	$-3.040\ 1$
$Mg^{2+} + 2e^- = Mg$	-2.372
$MnO_4^- + 4H^+ + 3e^- = MnO_2 + H_2O$	1.679
$Mn^{2+} + 2e^- = Mn$	-1.185
$Mn^{3+} + e^- = Mn^{2+}$	$1.541\ 5$
$MnO_2 + 4H^+ + 2e^- = Mn^{2+} + 2H_2O$	1.224
$MnO_4^- + 8H^+ + 5e^- = Mn^{2+} + 4H_2O$	1.507
$2NO_3^- + 4H^+ + 2e^- = N_2O_2 + 2H_2O$	0.803
$N_2O + 2H^+ + 2e^- = N_2 + H_2O$	1.766
$2NO + 2H^+ + 2e^- = N_2O + H_2O$	1.591
$2HNO_2 + 4H^+ + 4e^- = H_2N_2O_2 + 2H_2O$	0.86
$2HNO_2 + 4H^+ + 4e^- = N_2O + 3H_2O$	1.297
$NO_2 + H^+ + e^- = NO + H_2O$	0.983
$N_2O_4 + 4H^+ + 4e^- = 2NO + 2H_2O$	1.053
$N_2O_4 + 2H^+ + 2e^- = 2HNO_2$	1.065
$NO_3^- + 4H^+ + 3e^- = NO + 2H_2O$	0.957
$NO_3^- + 3H^+ + 2e^- = HNO_2 + H_2O$	0.934
$Na^+ + e^- = Na$	-2.71
$Nb_2O_5 + 10H^+ + 10e^- = 2Nb + 5H_2O$	-0.644
$NiO_2 + 4H^+ + 2e^- = Ni^{2+} + 2H_2O$	1.678
$Ni^{2+} + 2e^- = Ni$	-0.257
$H_2O_2 + 2H^+ + 2e^- = 2H_2O$	1.776
$O(g) + 2H^+ + 2e^- = H_2O$	2.412
$O_3 + 2H^+ + 2e^- = O_2 + H_2O$	2.076

电极反应	$E^\ominus$/V
$O_2+2H^++2e^-=H_2O_2$	0.695
$O_2+4H^++4e^-=2H_2O$	1.229
$F_2O+2H^++4e^-=H_2O+2F^-$	2.153
$OsO_4+8H^++8e^-=Os+4H_2O$	0.838
$P(白)+3H^++3e^-=PH_3(g)$	-0.063
$H_3PO_2+H^++e^-=P+2H_2O$	-0.508
$H_3PO_3+2H^++2e^-=H_3PO_2+H_2O$	-0.499
$H_3PO_4+2H^++2e^-=H_3PO_3+H_2O$	-0.276
$Pb^{2+}+2e^-=Pb$	$-0.126\,5$
$PbCl_2+2e^-=Pb+2Cl^-$	$-0.267\,5$
$PbI_2+2e^-=Pb+2I^-$	-0.365
$PbSO_4+2e^-=Pb+SO_4^{2-}$	$-0.358\,8$
$PbO_2+4H^++2e^-=Pb^{2+}+2H_2O$	1.455
$PbO_2+SO_4^{2-}+4H^++2e^-=SOPb_4+2H_2O$	1.691\,3
$Pd^{2+}+2e^-=Pd$	0.951
$[PtCl_4]^{2-}+2e^-=Pt+4Cl^-$	0.755
$Pt^{2+}+2e^-=Pt$	1.18
$[PtCl_6]^{2-}+2e^-=[PtCl_4]^{2-}+2Cl^-$	0.68
$Rb^++e^-=Rb$	-2.98
$ReO_4^-+8H^++7e^-=Re+4H_2O$	0.368
$S+2H^++2e^-=H_2S(aq)$	0.142
$H_2SO_3+4H^++4e^-=S+3H_2O$	0.449
$SO_4^{2-}+4H^++2e^-=H_2SO_3+H_2O$	0.172
$S_4O_6^{2-}+2e^-=2S_2O_3^{2-}$	0.08
$S_2O_8^{2-}+2e^-=2SO_4^{2-}$	2.010
$Sb_2O_5+6H^++4e^-=2SbO^++3H_2O$	0.581
$Sb_2O_3+6H^++6e^-=2Sb+3H_2O$	0.152
$SbO^++2H^++3e^-=Sb+H_2O$	0.212
$Se+2H^++2e^-=H_2Se(aq)$	-0.399
$SeO_4^{2+}+4H^++2e^-=H_2SeO_3+H_2O$	1.151
$SiO_2(石英)+4H^++4e^-=Si+2H_2O$	0.857
$[SiF_6]^{2-}+4e^-=Si+6F^-$	-1.24
$Sn^{2+}+2e^-=Sn$	$-0.137\,5$
$Sn^{4+}+2e^-=Sn^{2+}$	0.151
$Sr^{2+}+2e^-=Sr$	-2.899
$Ta_2O_5+10H^++10e^-=2Ta+5H_2O$	-0.750

电极反应	$E^{\ominus}/V$
$Te + 2H^+ + 2e^- = H_2Te$	-0.793
$TeO_2 + 4H^+ + 4e^- = Te + 2H_2O$	0.593
$H_6TeVO_6 + 2H^+ + 2e^- = TeO_2 + 4H_2O$	1.02
$Th^{4+} + 4e^- = Th$	-1.899
$Ti^{2+} + 2e^- = Ti$	-1.630
$Ti^{3+} + e^- = Ti^{2+}$	-0.9
$Tl^+ + e^- = Tl$	-0.336
$Tl^{3+} + 2e^- = Tl^+$	1.252
$UO_2^+ + 4H^+ + 4e^- = U^{4+} + 2H_2O$	0.612
$UO_2^{2-} + 4H^+ + 2e^- = U^{4+} + 2H_2O$	0.327
$U^{3+} + 3e^- = U$	-1.798
$U^{4+} + e^- = U^{3+}$	-0.607
$VO^{2+} + 2H^+ + e^- = V^{3+} + H_2O$	0.337
$V(OH)_4^+ + 2H^+ + e^- = VO^{2+} + 3H_2O$	1.00
$VO_2^+ + 2H^+ + e^- = VO^{2+} + H_2O$	0.991
$V^{3+} + e^- = V^{2+}$	-0.255
$Zn^{2+} + 2e^- = Zn$	-0.7618
$ZrO_2 + 4H^+ + 4e^- = Zr + 2H_2O$	-1.553

表 2 在碱性溶液中

电极反应	$E^{\ominus}/V$
$Ag_2O + H_2O + 2e^- = 2Ag + 2OH^-$	0.342
$Ag_2S + 2e^- = 2Ag + S^{2-}$	-0.691
$AgCN + e^- = Ag + CN^-$	-0.017
$2AgO + H_2O + 2e^- = Ag_2O + 2OH^-$	0.607
$H_2AlO_3^- + H_2O + 3e^- = Al + 4OH^-$	-2.33
$AsO_2^- + 2H_2O + 3e^- = As + 4OH^-$	-0.68
$AsO_4^{3-} + 2H_2O + 2e^- = AsO_2^- + 4OH^-$	-0.71
$H_2BO_3^- + H_2O + 3e^- = B + 4OH^-$	-1.79
$Ba(OH)_2 + 2e^- = Ba + 2OH^-$	-2.99
$Be_2O_3^{2-} + 3H_2O + 4e^- = 2Be + 6OH^-$	-2.63
$Bi_2O_3 + 3H_2O + 6e^- = 2Bi + 6OH^-$	-0.46
$BrO^- + H_2O + 2e^- = Br^- + 2OH^-$	0.761
$BrO_3^- + 3H_2O + 6e^- = Br^- + 6OH^-$	0.61
$Ca(OH)_2 + 2e^- = Ca + 2OH^-$	-3.02
$H_2CaO_3^- + H_2O + 2e^- = Ca + 4OH^-$	-1.219
$Cd(OH)_2 + 2e^- = Cd(Hg) + 2OH^-$	-0.809
$ClO^- + H_2O + e^- = Cl^- + 2OH^-$	0.81
$ClO_2^- + 2H_2O + 4e^- = Cl^- + 4OH^-$	0.76
$ClO_2^- + H_2O + 2e^- = ClO^- + 2OH^-$	0.66
$ClO_2(aq) + e^- = ClO_2^-$	0.954
$ClO_3^- + H_2O + 2e^- = ClO_2^- + 2OH^-$	0.33
$ClO_3^- + 3H_2O + 6e^- = Cl^- + 6OH^-$	0.62
$ClO_4^- + H_2O + 2e^- = ClO_3^- + 2OH^-$	0.36
$Co(OH)_2 + 2e^- = Co + 2OH^-$	-0.73
$[Co(NH_3)_6]^{3+} + e^- = [Co(NH_3)_6]^{2+}$	0.108
$Co(OH)_3 + e^- = Co(OH)_2 + OH^-$	0.17
$Cr(OH)_3 + 3e^- = Cr + 3OH^-$	-1.48
$CrO_2^- + 2H_2O + 3e^- = Cr + 4OH^-$	-1.2
$CrO_4^{2-} + 4H_2O + 3e^- = Cr(OH)_3 + 5OH^-$	-0.13
$Cu_2O + H_2O + 2e^- = 2Cu + 2OH^-$	-0.360
$Cu(OH)_2 + 2e^- = Cu + 2OH^-$	-0.222
$Fe(OH)_3 + e^- = Fe(OH)_2 + OH^-$	-0.56
$2H_2O + 2e^- = H_2 + 2OH^-$	-0.8277
$HfO(OH)_2 + H_2O + 4e^- = Hf + 4OH^-$	-2.50
$HgO + H_2O + 2e^- = Hg + 2OH^-$	-0.0977
$IO^- + H_2O + 2e^- = I^- + 2OH^-$	0.485

电极反应	$E^{\ominus}/V$
$IO_3^- + 3H_2O + 6e^- = I^- + 6OH^-$	0.26
$H_3IO_6^{2-} + 2e^- = IO_3^- + 3OH^-$	0.7
$La(OH)_3 + 3e^- = La + 3OH^-$	-2.90
$Mg(OH)_2 + 2e^- = Mg + 2OH^-$	-2.690
$Mn(OH)_2 + 2e^- = Mn + 2OH^-$	-1.56
$MnO_4^{2-} + 2H_2O + 2e^- = MnO_2 + 4OH^-$	0.6
$MnO_4^- + 2H_2O + 3e^- = MnO_2 + 4OH^-$	0.595
$MnO_4^- + e^- = MnO_4{}^{2-}$	0.558
$NO_2^- + H_2O + e^- = NO + 2OH^-$	-0.46
$NO_3^- + H_2O + 2e^- = NO_2^- + 2OH^-$	0.01
$2NO_3^- + 2H_2O + 2e^- = N_2O_4 + 4OH^-$	-0.85
$Ni(OH)_2 + 2e^- = Ni + 2OH^-$	-0.72
$O_2 + H_2O + 2e^- = HO_2^- + 2OH^-$	-0.076
$O_2 + 2H_2O + 4e^- = 4OH^-$	0.401
$O_2 + H_2O + 2e^- = O_2 + 2OH^-$	1.24
$P + 3H_2O + 3e^- = PH_3(g) + 3OH^-$	-0.87
$H_2PO_2^- + e^- = P + 2OH^-$	-1.82
$HPO_3^{2-} + 2H_2O + 3e^- = P + 5OH^-$	-1.71
$HPO_3^{2-} + 2H_2O + 2e^- = H_2PO_2^- + 3OH^-$	-1.65
$PO_4^{3-} + 2H_2O + 2e^- = HPO_3^{2-} + 3OH^-$	-1.05
$PbO_2 + H_2O + 2e^- = PbO + 2OH^-$	0.247
$Pd(OH)_2 + 2e^- = Pd + 2OH^-$	0.07
$Pt(OH)_2 + 2e^- = Pt + 2OH^-$	0.14
$ReO_4^- + 4H_2O + 7e^- = Re + 8OH^-$	-0.584
$ReO_4^- + 2H_2O + 3e^- = ReO_2 + 4OH^-$	-0.594
$S + 2e^- = S^{2-}$	$-0.476\,27$
$S_2O_6^{2-} + 2e^- = 2S_2O_3^{2-}$	0.08
$2SO_3^{2-} + 3H_2O + 4e^- = S_2O_3^{2-} + 6OH^-$	-0.571
$SO_4^{2-} + H_2O + 2e^- = SO_3^{2-} + 2OH^-$	-0.93
$SbO_2^- + 2H_2O + 3e^- = Sb + 4OH^-$	-0.66
$SbO_3^- + H_2O + 2e^- = SbO_2^- + 2OH^-$	-0.59
$Se + 2e^- = Se^{2-}$	-0.924
$SeO_3^{2-} + 3H_2O + 4e^- = Se + 6OH^-$	-0.366
$SeO_4^{2-} + H_2O + 2e^- = SeO_3^{2-} + 2OH^-$	0.05
$SiO_3^{2-} + 3H_2O + 4e^- = Si + 6OH^-$	-1.697
$HSnO_2^- + H_2O + 2e^- = Sn + 3OH^-$	-0.909

续表

电极反应	$E^\ominus/V$
$[Sn(OH)_6]^{2-}+2e^-=HSnO_2^-+H_2O+3OH^-$	-0.93
$Sr(OH)_2+8H_2O+2e^-=Sr+2OH^-+8H_2O$	-2.88
$Te+2e^-=Te^{2-}$	-1.143
$TeO_3^{2-}+3H_2O+4e^-=Te+6OH^-$	-0.57
$Tl(OH)+e^-=Tl+OH^-$	-0.34
$Zn(OH)_2+2e^-=Zn+2OH^-$	-1.249
$ZnO_2^{2-}+2H_2O+2e^-=Zn+4OH^-$	-1.215
$H_2ZrO_3+H_2O+4e^-=Zr+4OH^-$	-2.36

四、难溶化合物溶度积

(298 K)

化合物	溶度积
$Ag_2C_2O_4$	5.4×10^{-12}
Ag_2CO_3	8.46×10^{-12}
Ag_2CrO_4	1.12×10^{-12}
Ag_2SO_4	1.20×10^{-5}
Ag_3PO_4	8.89×10^{-17}
AgAc	1.94×10^{-3}
AgBr	5.35×10^{-13}
AgCl	1.77×10^{-10}
AgI	8.52×10^{-17}
AgSCN	1.03×10^{-12}
$BaCO_3$	2.85×10^{-9}
$BaCrO_4$	1.17×10^{-10}
BaF_2	1.84×10^{-7}
$BaSO_4$	1.08×10^{-10}
$Be(OH)_2$(无定形)	6.92×10^{-22}
$Ca(OH)_2$	5.02×10^{-6}
$CaC_2O_4 \cdot H_2O$	2.32×10^{-10}
$CaCO_3$	3.36×10^{-9}
CaF_2	3.45×10^{-11}
$CaSO_4$	4.93×10^{-5}
$CdCO_3$	1.0×10^{-12}
$Cd(OH)_2$	7.2×10^{-15}
$Co(OH)_2$(蓝色)	5.92×10^{-15}
CuBr	6.27×10^{-8}
CuC_2O_4	4.43×10^{-10}
CuCl	1.72×10^{-7}
CuI	1.27×10^{-12}
$Cu(IO_3)_2 \cdot H_2O$	6.94×10^{-8}
$Cu_3(PO_4)_2$	1.40×10^{-37}
CuSCN	1.77×10^{-13}
$FeCO_3$	3.13×10^{-11}
$Fe(OH)_2$	4.87×10^{-17}
$Fe(OH)_3$	2.79×10^{-39}

化合物	溶度积
$FePO_4 \cdot 2H_2O$	9.91×10^{-16}
$Hg_2C_2O_4$	1.75×10^{-13}
Hg_2CO_3	3.6×10^{-17}
Hg_2Cl_2	1.43×10^{-18}
HgI_2	2.9×10^{-29}
Hg_2I_2	5.2×10^{-29}
Hg_2SO_4	6.5×10^{-7}
$MnCO_3$	2.24×10^{-11}
$MgC_2O_4 \cdot 2H_2O$	4.83×10^{-6}
$Mg(OH)_2$	5.61×10^{-12}
$Mg_3(PO_4)_2$	1.40×10^{-37}
$MgCO_3$	6.82×10^{-6}
$NiCO_3$	1.42×10^{-7}
$MnC_2O_4 \cdot 2H_2O$	1.70×10^{-7}
$PbBr_2$	6.60×10^{-6}
$PbCl_2$	1.70×10^{-5}
$PbCO_3$	7.4×10^{-14}
PbF_2	3.3×10^{-8}
PbI_2	9.8×10^{-9}
$PbSO_4$	2.53×10^{-8}
$SrCO_3$	5.6×10^{-10}
SrF_2	4.33×10^{-9}
$SrSO_4$	3.44×10^{-7}
$Zn(OH)_2$	3.0×10^{-17}
$ZnC_2O_4 \cdot 2H_2O$	1.83×10^{-9}
$ZnCO_3$	1.46×10^{-10}

五、常用指示剂

表1　酸碱指示剂(291~298 K)

指示剂名称	变色 pH 范围	颜色变化	溶液配制方法
甲基紫 (第一变色范围)	0.13~0.5	黄→绿	1 g/L 或 0.5 g/L 的水溶液
苦味酸	0.0~1.3	无色→黄	1 g/L 水溶液
甲基绿	0.1~2.0	黄→绿→浅蓝	0.5 g/L 水溶液
孔雀绿	0.13~2.0	黄→浅蓝→绿	1 g/L 水溶液
甲酚红	0.2~1.8	红→黄	0.04 g 指示剂溶于 100 mL 50% 乙醇中
甲基紫	1.0~1.5	绿→蓝	1 g/L 水溶液
百里酚蓝 (麝香草酚蓝) (第一变色范围)	1.2~2.8	红→黄	0.1 g 指示剂溶于 100 mL 20% 乙醇中
甲基紫 (第三变色范围)	2.0~3.0	蓝→紫	1 g/L 水溶液
二甲基黄	2.9~4.0	红→黄	0.1 g 或 0.01 g 指示剂溶于 100 mL 90% 乙醇中
甲基橙	3.1~4.4	红→橙黄	1 g/L 水溶液
溴酚蓝	3.0~4.6	黄→蓝	0.1 g 指示剂溶于 100 mL 20% 乙醇中
刚果红	3.0~5.2	蓝紫→红	1 g/L 水溶液
溴甲酚绿	3.8~5.4	黄→蓝	0.1 g 指示剂溶于 100 mL 20% 乙醇中
甲基红	4.4~6.2	红→黄	0.1 g 或 0.2 g 指示剂溶于 100 mL 60% 乙醇中
溴酚红	5.0~6.8	黄→红	0.1 g 或 0.04 g 指示剂溶于 100 mL 20% 乙醇中
溴甲酚紫	5.2~6.8	黄→紫红	0.1 g 指示剂溶于 100 mL 20% 乙醇中
溴百里酚蓝	6.0~7.6	黄→蓝	0.05 g 指示剂溶于 100 mL 20% 乙醇中
中性红	6.8~8.0	红→亮黄	0.1 g 指示剂溶于 100 mL 60% 乙醇中
酚红	6.8~8.0	黄→红	0.1 g 指示剂溶于 100 mL 20% 乙醇中
甲酚红	7.2~8.8	亮黄→紫红	0.1 g 指示剂溶于 100 mL 50% 乙醇中
百里酚蓝 (麝香草酚蓝) (第二变色范围)	8.0~9.0	黄→蓝	参看第一变色范围
酚酞	8.2~10.0	无色→紫红	(1)0.1 g 指示剂溶于 100 mL 60% 乙醇中 (2)1 g 酚酞溶于 100 mL 90% 乙醇中
百里酚酞	9.4~10.6	无色→蓝	0.1 g 指示剂溶于 100 mL 90% 乙醇中
孔雀绿 (第二变色范围)	11.5~13.2	蓝绿→无色	参看第一变色范围
达旦黄	12.0~13.0	黄→红	1 g/L 水溶液

表 2 金属离子指示剂

指示剂名称	解离平衡和颜色变化	溶液配制方法
铬黑 T（EBT）	$H_2In^- \xrightleftharpoons{pK_{a2}=6.3} HIn^{2-} \xrightleftharpoons{pK_{a3}=11.5} In^{3-}$ 紫红　　　　　蓝　　　　　橙	5 g/L 水溶液 与 NaCl 按 1∶100 质量比混合
二甲酚橙（XO）	$H_2In^{4-} \xrightleftharpoons{pK_a=6.3} HIn^{5-}$ 黄　　　　　红	2 g/L 水溶液
钙指示剂	$H_2In^- \xrightleftharpoons{pK_{a2}=7.4} HIn^{2-} \xrightleftharpoons{pK_{a3}=13.5} In^{3-}$ 酒红蓝　　　　酒红	5 g/L 的乙醇溶液
吡啶偶氮奈酚（PAN）	$H_2In^+ \xrightleftharpoons{pK_{a1}=1.9} HIn \xrightleftharpoons{pK_{a2}=12.2} In^-$ 黄绿　　　　黄　　　　淡红	1 g/L 或 3 g/L 乙醇溶液
磺基水杨酸	$H_2In \xrightleftharpoons{pK_{a2}=2.7} HIn^- \xrightleftharpoons{pK_{a3}=13.1} In^{2-}$ （无色）	10 g/L 或 100 g/L 乙醇溶液
钙镁试剂	$H_2In^- \xrightleftharpoons{pK_{a2}=8.1} HIn^{2-} \xrightleftharpoons{pK_{a3}=12.4} In^{3-}$ 红　　　　　蓝　　　　　红橙	5 g/L 水溶液
紫脲酸胺	$H_4In^- \xrightleftharpoons{pK_{a2}=9.2} H_3In^{2-} \xrightleftharpoons{pK_{a3}=10.9} H_2In^{3-}$ 红紫　　　　　紫　　　　　蓝	与 NaCl 按 1∶100 质量比混合

表 3 氧化还原指示剂（按 $E^{\ominus}$ 排序）

指示剂名称	$E^{\ominus}/V, c(H^+)=$ 1 mol/mol	颜色变化		溶液配制方法
		氧化态	还原态	
中性红	0.24	红	无色	0.5 g/L 的 60% 乙醇溶液
亚甲基蓝	0.36	蓝	无色	0.5 g/L 水溶液
变胺蓝	0.95(pH=2)	无色	蓝色	0.5 g/L 水溶液
二苯胺	0.76	紫	无色	10 g/L 的浓 H_2SO_4 溶液
二苯胺磺酸钠	0.85	紫红	无色	0.5 g/L 水溶液。如溶液浑浊，可滴加少量 HCl
邻二氮菲-Fe(Ⅱ)	1.06	浅蓝	红	1.485 g 邻二氮菲，加 0.965 g $FeSO_4$，溶解，稀释至 100 mL（0.025 mol/L 水溶液）
N-邻苯氨基苯甲酸	1.08	紫红	无色	0.1 g 指示剂加 20 mL 50 g/L 的 Na_2CO_3 溶液，用水稀释至 100 mL
5-硝基邻二氮菲-Fe(Ⅱ)	1.25	浅蓝	紫红	1.608 g 5-硝基邻二氮菲，加 0.695 g $FeSO_4$，溶解，稀释至 100 mL（0.025 mol/L 水溶液）

表 4　沉淀滴定吸附指示剂

指示剂	被测离子	滴定剂	滴定条件	溶液配制方法
甲基紫	Ag^+	Cl^-	酸性溶液	1 g/L 水溶液
罗丹明 6G	Ag^+	Br^-	酸性溶液	1 g/L 水溶液
曙红	Br^-,I^-,SCN^-	Ag^+	pH 2～10（一般 3～8）	5 g/L 水溶液
荧光黄	Cl^-	Ag^+	pH 7～10（一般 7～8）	2 g/L 乙醇溶液
二氯荧光黄	Cl^-	Ag^+	pH 4～10（一般 5～8）	1 g/L 水溶液
溴酚蓝	Hg_2^{2+}	Cl^-,Br^-	酸性溶液	1 g/L 水溶液
溴甲酚绿	SCN^-	Ag^+	pH 4～5	1 g/L 水溶液

六、常用基准试剂

试剂	主要用途	使用的干燥方法
氯化钠（NaCl）	标定 $AgNO_3$ 溶液	773～873 K 灼烧至恒重
氧化锌（$ZnCl_2$）	标定 EDTA 溶液	1 073 K 灼烧至恒重
碳酸钙（$CaCO_3$）	标定 EDTA 溶液	（383±2）K 干燥至恒重
无水碳酸钠（Na_2CO_3）	标定 HCl、H_2SO_4 溶液	543～573 K 灼烧至恒重
三氧化二砷（As_2O_3）	标定 I_2 溶液	H_2SO_4 干燥器中干燥至恒重
草酸钠（$Na_2C_2O_4$）	标定 $KMnO_4$ 溶液	（378±2）K 干燥至恒重
碘酸钾（KIO_3）	标定 $Na_2S_2O_3$ 溶液	（453±2）K 干燥至恒重
重铬酸钾（$K_2Cr_2O_7$）	标定 $Na_2S_2O_3$、$FeSO_4$ 溶液	（393±2）K 干燥至恒重
溴酸钾（$KBrO_3$）	标定 $Na_2S_2O_3$ 溶液，配制标准溶液	（353±2）K 干燥至恒重
邻苯二甲酸氢钾（$C_8H_5KO_4$）	标定 NaOH、$HClO_4$ 溶液	378～383 K 干燥至恒重
乙二胺四乙酸二钠（EDTA-Na_2）	标定金属离子溶液	$Mg(NO_3)_2$ 饱和溶液恒湿器中放置 7 d
硝酸银（$AgNO_3$）	标定卤化物及硫氰酸盐溶液	H_2SO_4 干燥器中干燥至恒重